高职高专新能源类专业系列教材

新能源技术

第 2 版

主　编　侯　雪
副主编　卑五九　龚人欢
参　编　刘　準　翟永君
　　　　孟帙颖　于　玲　丁　玮

机 械 工 业 出 版 社

本书主要介绍了国内外新能源的资源状况、分布及应用,同时介绍了国内外新能源的新技术、新发展等。本书共分十章,内容包括能源基础、常规能源、太阳能及其利用、风能及其利用、水能与海洋能及其利用、生物质能及其利用、核能及其利用、氢能及其利用、地热能及其利用、可燃冰及其利用。

本书可作为高等职业院校光伏发电技术与应用、风力发电工程技术等新能源类专业及相关专业的专业基础课教材,也可供相关技术人员参考。

本书配有电子课件、模拟试卷及答案等,凡选用本书作为教材的学校,均可来电索取。咨询电话:010 - 88379375;电子邮箱:wang-zongf@163.com。

图书在版编目(CIP)数据

新能源技术/侯雪主编. —2 版. —北京:机械工业出版社,2019.6
(2021.8 重印)
高职高专新能源类专业系列教材
ISBN 978-7-111-62422-6

Ⅰ. ①新… Ⅱ. ①侯… Ⅲ. ①新能源-高等职业教育-教材
Ⅳ. ①TK01

中国版本图书馆 CIP 数据核字(2019)第 061560 号

机械工业出版社(北京市百万庄大街 22 号 邮政编码 100037)
策划编辑:王宗锋 责任编辑:王宗锋 李 慧
责任校对:李 杉 封面设计:陈 沛
责任印制:单爱军
河北宝昌佳彩印刷有限公司印刷
2021 年 8 月第 2 版第 4 次印刷
184mm×260mm · 10.5 印张 · 259 千字
5701—8200 册
标准书号:ISBN 978-7-111-62422-6
定价:35.00 元

电话服务 网络服务
客服电话:010-88361066 机 工 官 网:www.cmpbook.com
010-88379833 机 工 官 博:weibo.com/cmp1952
010-68326294 金 书 网:www.golden-book.com
封底无防伪标均为盗版 机工教育服务网:www.cmpedu.com

前　言

　　能源是人类生存和发展的重要基础资源，随着世界经济规模的不断增大、世界人口的急剧增长和人民生活水平的不断提高，世界能源消费量和需求量持续增长，人类对煤、天然气等不可再生能源的开采和使用也已几乎达到极限，人类如今正面临着一场越来越严重的全球范围内的能源危机。为了平稳度过这一危机，世界各国政府结合本国国情相继制定了自己国家的能源战略。目前主要的替代能源有太阳能、风能、水能与海洋能、生物质能、核能、地热能、氢能及可燃冰等。

　　本书将最新的科技知识与教学成果组织到教材内容中，突出素质教育要求。为满足课程教学、课程建设与改革的需要，本书围绕目前国际社会综合利用新能源的研究热点，重点介绍了一些具有良好应用前景的新能源技术。

　　本书共分十章，内容包括能源基础、常规能源、太阳能及其利用、风能及其利用、水能与海洋能及其应用、生物质能及其利用、核能及其利用、氢能及其利用、地热能及其利用、可燃冰及其利用。

　　本书由侯雪任主编，卑五九和龚人欢任副主编，参加本书修订的还有刘準、翟永君、孟帙颖、于玲和丁玮。其中，侯雪修订第二～五章，卑五九修订第一、九章；龚人欢修订第六章；于玲修订第七章；翟永君修订第八章；孟帙颖修订第十章；刘準和丁玮参与了书稿材料的整理工作。

　　由于编者水平有限，书中错误在所难免，敬请批评指正。

编　者

目　录

第一章 能源基础

第一节 能源概述

一、能源的定义

能源是指供给能量的原料和资源。广义上说，能源就是能够向人类提供某种形式能量的自然资源，包括所有的燃料、流水、阳光、地热及风等。通过适当的转换手段，能源可为人类生产和生活提供所需的能量。例如，煤和石油等化石能源燃烧时可以提供热能，流水和风力可以提供机械能，太阳的辐射可转化为热能或电能。

能源的形式有很多种，如热力、电力等。能源被使用时，会以各种不同的形式出现，从而产生动作或动力。例如，以电能的形式出现使电灯发亮等。而且能源可以由一种形式转化成另一种形式。总之，凡是能产生热、动力及电力的都是能源。

能源是人类活动的物质基础。从某种意义上讲，人类社会的发展离不开优质能源的出现和先进能源技术的使用。在当今世界，能源的发展以及能源和环境的关系是全世界、全人类共同关心的问题，也是我国社会经济发展面临的重要问题。

二、能源的分类

能源的种类繁多，而且经过人类不断地开发与研究，更多的新型能源已经开始应用并且能够满足人类的需求了。根据不同的划分方式，能源可分为不同的类型，主要有以下6种分类法。

1. 按能源的形成和来源分类

（1）来自地球外部天体的能源（主要是太阳能）　除直接辐射外，太阳能还可为风能、水能、生物质能和矿物能源等的产生提供基础。人类所需能量的绝大部分都直接或间接地来自太阳，各种植物通过光合作用把太阳能转变成化学能在植物体内贮存下来。煤、石油、天然气等化石燃料也是由古代埋在地下的动植物经过漫长的地质演变形成的，它们实质上是由古代生物固定下来的太阳能。此外，水能、风能、波浪能及海流能等也都是由太阳能转换来的。

（2）地球本身蕴藏的能量　通常指与地球内部热能有关的能源和与核反应有关的能源，如核能、地热能等。温泉和火山爆发喷出的岩浆就是地热能的表现。

（3）地球和其他天体相互作用而产生的能量　如潮汐能。

2. 按能源的产生方式分类

（1）一次能源　即天然能源，指在自然界现成存在的能源，如煤、石油、天然气及水能等。一次能源又分为可再生能源（水能、风能及生物质能）和不可再生能源（煤、石油、天然气及油页岩等）。其中煤、石油和天然气三种不可再生能源是一次能源的核心，它们已成为全球能源的基础。除此以外，太阳能、风能、地热能、海洋能、生物质能及核能等可再生能源也被包括在一次能源的范围内。

（2）二次能源 是指由一次能源直接或间接转换成的其他种类和形式的能源，是由一次能源加工转换而成的能源产品，如电力、煤气、汽油、柴油、焦炭、洁净煤、激光、沼气及各种石油制品等都属于二次能源。

3. 按能源的性质分类

（1）燃料型能源 是指通过燃烧获得能量的能源，如煤、石油、天然气、泥炭及木材等。人类利用自己体力以外的能源是从用火开始的，最早的燃料是木材，之后是各种化石燃料，如煤、石油、天然气及泥炭等。

（2）非燃料型能源 即不通过燃烧获得能量的能源，如水能、风能、地热能及海洋能等。

4. 根据能否造成污染分类

（1）污染型能源 即对环境污染较大的能源，如煤、石油等。

（2）清洁能源 即对环境无污染或污染很小的能源，如太阳能、水能及海洋能等。

5. 按能源使用的类型分类

（1）常规能源 利用技术成熟、使用比较普遍的能源称为常规能源。包括一次能源中可再生的水能和不可再生的煤、石油及天然气等能源。

（2）新能源 新近利用或正在着手开发的能源称为新能源（即非常规能源，有时亦称为替代能源、后续能源等）。新能源在目前使用的能源中所占的比例较小，但很有发展前途，将会越来越重要。

新能源是相对于常规能源而言的，包括太阳能、风能、地热能、海洋能、生物质能、氢能以及核能等能源。由于新能源的能量密度较小或有间歇性，按已有的技术条件转换利用的经济性尚差，还处于研究、发展阶段，因而只能因地制宜地开发和利用。但新能源大多数是可再生能源，它资源丰富、分布广阔，是未来的主要能源之一。

6. 按是否可再生分类

（1）可再生能源 即可以不断得到补充或能在较短周期内再产生的能源，如水能、风能、潮汐能及太阳能等。

（2）不可再生能源 随着人类的利用而逐渐减少的能源，如煤、石油及天然气等。地热能基本上是不可再生能源，但从地球内部巨大的蕴藏量来看，又具有可再生的性质。

三、能源利用的历史

人类利用能源的历史，也就是人类认识和征服自然的历史。人类从火的发现和利用，到畜力、风力及水力等自然动力的利用，到化石燃料的开发和热的利用，到电的发现及开发利用，再到核能的发现及开发利用，人类社会已经历了三个能源时期：薪柴时期、煤炭时期和石油时期。

1. 薪柴时期

主要以薪柴等生物质燃料为主要能源的时代，生产和生活水平极低，社会发展缓慢。

2. 煤炭时期

18世纪末，瓦特改良了蒸汽机，大量的以煤炭为能源的动力机械逐渐替代了小作坊式的手工业生产方式，交通运输业迅速发展，煤炭与资本主义社会化大生产相结合，使世界能源结构发生了重大变革。19 世纪，电力成为世界工矿企业的主要动力，成为生产和生活照明的主要来源，但这时的电力工业主要是依靠煤炭作为燃料。我国是世界上发现、利用煤炭最早的国家。1973 年，在辽宁省沈阳市北陵附近新石器时代的新乐遗址下层发现了为数不少的精煤制品，这是世界上用煤最早的确凿证据，也说明我国早在六七千年前就已发现并开始利用煤炭了。

3. 石油时期

1859 年，美国开始了石油钻探开发工作，石油这种液体燃料比煤炭更具吸引力；从 20 世纪 50 年代到 80 年代，以欧美和日本为代表的世界各国对石油的消耗急速上升，20 世纪 80 年代人类已经使用完世界历史上第一个一万亿桶石油了。进入 21 世纪，由于石油储量有限，能源供应短缺，世界能源正面临一个新的转折点，开发和利用来源更为广泛、清洁、高效的新能源已刻不容缓。世界能源界预测，在今后 20 年左右的时间，全球石油产量可能开始持续下降。虽然市场力量和石油生产技术的改进可能使石油供应继续保持到 21 世纪末，但是石油危机的到来可能比一般人的设想早得多。世界上许多国家依靠石油，创造了人类历史上空前的物质文明。但人类在享用这空前的物质文明的同时却给环境带来了沉重的压力，因为能源的开采、输送、加工、转换、利用和消费是环境污染的主要根源。能源的利用过程与环境密切相关，因此为了满足社会发展日益增长的能源需求和可持续发展，我们必须寻找化石燃料以外的新能源，来解决人类面临的能源问题。

第二节　能源与环境保护

能源作为新世纪发展的动力，是制约经济发展的重要因素之一，它关系着一个国家的经济安全和国家安全。在过去近 100 年中，煤、石油及天然气等传统能源占据着主要地位。20 世纪中叶以前，由于人类对能源影响环境的严重性没有给予足够的重视，导致环境问题从局部地区蔓延至全球范围，酸雨、温室效应和臭氧层空洞已成为最典型的全球环境问题，严重影响了人类的生存环境和日常生活质量。

一、能源与环境发展现状

地球上不同种类的能源对环境会产生各种影响。随着全球经济发展对能源需求的不断增加以及石油价格的攀升，煤炭已成为缓解全球能源紧张的重要资源。煤炭开采时会带出相当多的废碎石及矸石，矸石中的硫化物会缓慢氧化发热，如散热不良或未隔绝空气就会自燃。目前有 9% 的矸石堆正在自燃，释放出二氧化碳、二氧化硫及其他有害物质。此外，煤矿可能产生硫、砷、铬、镉、铅及汞等元素与苯并芘之类的有机物。据估算，每吨煤会产生 13kg 的烟尘，同时放射性气体氡气也会随烟尘排出。

煤炭行业是能源生产主力军，又是我国确定的 9 个重点高耗能行业和污染排放严重的行业之一。煤炭一直以来都是我国的主要能源，推动着经济的发展。但是由于机械化程度较低，煤炭的综合利用率一直较低。以燃煤消耗为主的现有能源体系，使我国成为世界上排污较高的地区之一，对人居环境和全球气候都有重大影响。据有关部门的统计，煤炭使用过程产生的污染是我国最大的大气环境污染问题。全国烟尘排放量的 70%、二氧化硫排放量的 90%、氮氧化物排放量的 67%、二氧化碳排放量的 70% 都来自于燃煤。

　　煤炭燃烧后，灰渣中杂质的浓度将增高许多倍，经过煅烧与粉碎，有害物质将变为更容易进入水或空气的形态，从而增加环境的负担，以致火电站释放出的放射性物质比核电站还多。因此，煤炭的使用会导致环境污染加剧、全球气候变暖，煤炭中产生的废气将给人类造成呼吸系统疾病增加、汞中毒等不良后果。对于煤炭污染的缓解办法是：提高燃煤利用效率以减少二氧化碳的污染；煤在燃烧前可采用洁净煤技术去掉有害杂质杂物等；燃烧中可采用沸腾床加石灰以固定硫；选用适当炉温以减少氮氧化物的排放等。

　　在大气污染物排放中，SO_2 的排放与电力行业发展密切相关。2017 年年底全国电力总装机达到 17.7 亿 kW。其中，火电 11 亿 kW，占装机总量 62%；燃煤电厂是煤炭的主要用户，同时也是 SO_2 排放大户。除了能源消费过程中的污染物排放外，能源在开采、炼制及供应过程中，也会产生大量有害气体，严重影响着大气环境质量。

　　地球的大气由氮气、氧气及一些微量气体组成。太阳辐射进入地球时，大气层几乎可以让它穿透过去，地球也放出长波辐射，但地球的长波辐射却会遭到大气层中某些微量气体的选择吸收；这些微量气体选择吸收地球的辐射能后会再反射回到地球，因而使大气保存了部分辐射能，于是造成地球的温度比其辐射平衡时的温度高。大气中因为有这些微量气体选择吸收地球的长波辐射，并能够保存部分辐射能，因而可以使地球温度升高，这种作用称为大气的温室效应，能吸收地球长波辐射的气体则称为温室效应气体。

　　大气中最重要的温室效应气体有二氧化碳、水汽、臭氧、甲烷及氮氧化物等。若大气中温室效应气体含量增加，则大气的温室效应就会增强，当然，大气保存的能量也随之增加，因而会造成温度上升。地球增温将会对人类造成恶劣的影响，根据预测，两极气温的增高会导致格陵兰岛与南极冰帽融化，造成全球海平面上升 0.2 ~ 1.4m，海水上升又会淹没沿海低洼地区，陆地将变成茫茫大海，许多城市将被淹没，农地、港湾及交通设施将被破坏，而居住在海岸线 60km 以内约占世界人口 1/3 的居民将蒙受其害。另外，中纬度地区将面临干旱的威胁，许多农业地区将变成沙漠。

　　全球工业进步带动了经济繁荣，人们生活质量得到改善，人口加速增长。同时，为了保持经济的高速发展，人类仍在过度开发地球的自然资源，大规模砍伐森林以取得耕地，大量开采煤、石油和天然气等化石燃料以取得能源。然而，上述这些人类活动将会使大气中的二氧化碳含量增加，从而促使大气的温室效应加强，导致全球温度上升。国际环境保护专家指出，我国需要提高能源利用率，强化最低能耗标准，改善环保执法和管理。

　　二氧化碳排放与能源结构、消费量和能源效率等密切相关。2018 年国际能源署（IEA）公布的统计数据显示，2017 年全球二氧化碳排放量为 325 亿吨，比 2016 年增长 1.4%，创历史新高。我国 CO_2 排放量位居榜首。图 1-1 是 2030 年全球二氧化碳预计排放量统计数据。

　　能源（尤其是煤炭）在使用过程中排放出大量的污染物，导致大气污染和酸雨污染，造成了我国城市空气质量的严重恶化。在大气污染严重的地区，呼吸道疾病总死亡率和发病率都高于轻污染区。慢性支气管炎症状随大气污染程度的增高而加重。在我国 11 个最大城市中，空气中的烟尘和细颗粒物每年使 5 万人夭折，40 万人感染上慢性支气管炎。大气污染防治一直是环保工作的重要领域，2018 年生态环境部会同国家市场监督管理总局发布了《环境空气质量标准》（GB 3095—2012）修改单，修改了标准中关于监测状态的规定，并修改完善了相应的配套监测方法标准，实现了与国际接轨。

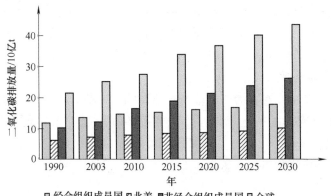

图 1-1　2030 年全球二氧化碳预计排放量

2017 年原环境保护部发布了《国家环境保护标准"十三五"发展规划》（下文简称为《规划》），《规划》指出，"十三五"期间，我国将启动约 300 项环保标准制修订项目，以及 20 项解决环境质量标准、污染物排放（控制）标准制修订工作中有关达标判定、排放量核算等关键和共性问题项目，发布约 800 项环保标准。《规划》指出，"十三五"期间的总体目标是大力推动标准制修订。围绕排污许可及水、大气、土壤等环境管理中心工作，加大在研项目推进力度，制修订一批关键标准。构建基于实测的标准制修订及实施评估方法体系，优化形成内部科学、外部协调的环保标准体系。进一步加强污染物排放标准的实施评估，提升标准的科学性与可操作性。制修订并实施一批标准管理规章制度，形成一支专业扎实、特色明显的环保标准队伍，深化标准信息化建设，提高标准管理的规范性和高效性。加强宣传培训及交流合作，扩大我国环保标准的社会影响。

世界银行预计，2020 年我国燃煤污染导致的疾病需付出经济代价达 3900 亿美元，占国内生产总值的 13%。

二、我国的能源发展战略

我国正处于经济快速发展的时期，不可能以牺牲经济发展来减少碳排放，因此更需要采取积极有效的途径来减少碳排放。我国发展低碳能源技术，必须正视以煤为主的能源结构，注重化石能源的洁净高效转化利用和节能减排技术；但战略上必须坚持以新能源代替传统能源，优势能源代替稀缺能源，可再生能源代替化石能源的方向，逐步提高新能源的比重；在政策措施方面，应积极拓展制度创新，为低碳技术道路提供有力保障。

1. 提高能源利用率，节约能源

目前我国人均能源消费量比较低，人均资源短缺，供应压力大，耗能总量仍在继续扩大。但我国不能照搬发达国家依靠大量消耗世界资源、实行能源高消费的传统发展模式，而要坚持实施节能优先战略。首先，我国技术相对落后，发电、水泥、炼钢及电解铝等的单位能耗都比先进技术高 20%~30%，对节能的要求极为迫切。其次，节能潜力巨大。国内电视机的普及与迅速发展，使得全国电视机的总体能耗还会增大，能耗较低的变频空调和节能冰箱，市场占有率仍然较低，而空调的能耗几乎占到家电消耗的 40%~60%。从上述分析可以看出，空调中的变频节能技术、电视机工作功耗的降低以及供电电源管理和电源控制方案等，都存在很大的节能空间，为节能产品生产的厂家提供了巨大的商机。所以，我国应加

快新的节能技术的利用和新的节能产品的开发。最后，节约能源、提高能源利用率可有效减缓能源需求快速增长，使我国能源需求总量控制在资源和环境允许的范围之内，使经济社会在高效低耗中实现发展。

2. 高效利用化石能源

在常规能源的利用中，存在着资源浪费、能源利用率低的特点。近几年，针对常规能源新工艺、新技术研究取得了一定成果，传统能源的利用趋于多样化、优质化，主要成果如下：

首先是煤炭的现代化利用，其次是石油的开采与回收利用。

3. 加速发展核能

人类对核能的顾虑主要有两点：基本投资高和安全隐患大。其中，后者是很多西方国家曾一度放弃核计划的主要原因。但是，近几年核能重新走进了人类的视线。我国应加速自主创新，建造百万千瓦级的先进压水堆核电站，形成统一类型和规模化，避免多种堆型杂糅，加速发展快中子堆和快中子燃烧器，缓解核燃料缺乏的现状。我国核电设备成套供应的能力正在形成，已掌握第二代核电技术，正自主发展第三代核电技术。我国已建成高温气冷实验堆，正在建设快中子实验堆闭式核燃料循环系统，在热核聚变方面也取得了较好的研究成果。

4. 开发利用清洁能源

清洁能源品种较多，资源条件、技术成熟度及经济可行性差异较大，其开发利用需要因地制宜、分类指导，并应有区别、有重点地推动。目前国际上比较热门的清洁能源主要有太阳能、风能、氢能、燃料电池的利用、可燃冰的研究及核聚变等。目前，我国已将可燃冰开发技术纳入中长期科技发展规划，需要深化资源调查，开展应用研究，对可燃冰的开发进行探索。地球上可用的聚变材料数量巨大，受控热核聚变技术一旦成功，将会开辟人类能源应用的新篇章。

世界能源与环境发展形势严峻，各国都针对本国情形制定了相关的能源战略应对目前的全球能源危机。可以看出，粗放型的发展模式已难以为继，与自然和谐相处的高效发展模式逐渐受到热捧。

第三节　能源与可持续发展

"十二五"时期我国能源较快发展，供给保障能力不断增强，发展质量逐步提高，创新能力迈上新台阶，新技术、新产业、新业态和新模式开始涌现，能源发展到转型变革的新起点。2017年1月17日，国家发展和改革委员会与国家能源局共同印发《能源发展"十三五"规划》（下称《规划》）。《规划》要求推进非化石能源可持续发展，包括水电、核电、风电及太阳能等。按照"十三五"规划《纲要》总体要求，综合考虑安全、资源、环境、技术、经济等因素，2020年能源发展主要目标是：

1）能源消费总量。能源消费总量控制在50亿t标准煤以内，煤炭消费总量控制在41亿t以内。全社会用电量预期为6.8万亿~7.2万亿kW·h。

2）能源安全保障。能源自给率保持在80%以上，增强能源安全战略保障能力，提升能源利用效率，提高能源清洁替代水平。

3）能源供应能力。保持能源供应稳步增长，国内一次能源生产量约 40 亿 t 标准煤，其中煤炭 39 亿 t，原油 2 亿 t，天然气 2200 亿 m^3，非化石能源 7.5 亿 t 标准煤。发电装机 20 亿 kW 左右。

4）能源消费结构。非化石能源消费比重提高到 15% 以上，天然气消费比重力争达到 10%，煤炭消费比重降低到 58% 以下。发电用煤占煤炭消费比重提高到 55% 以上。

5）能源系统效率。单位国内生产总值能耗比 2015 年下降 15%，煤电平均供电煤耗下降到每千瓦时 310g 标准煤以下，电网线损率控制在 6.5% 以内。

6）能源环保低碳。单位国内生产总值二氧化碳排放比 2015 年下降 18%。能源行业环保水平显著提高，燃煤电厂污染物排放显著降低，具备改造条件的煤电机组全部实现超低排放。

7）能源普遍服务 。能源公共服务水平显著提高，实现基本用能服务便利化，城乡居民人均生活用电水平差距显著缩小。

"十三五"期间能源发展的主要任务是：高效智能，着力优化能源系统；节约低碳，推动能源消费革命；多元发展，推动能源供给革命；创新驱动，推动能源技术革命；公平效能，推动能源体制革命；互利共赢，加强能源国际合作；惠民利民，实现能源共享发展。其中，高效智能，着力优化能源系统，是以提升能源系统综合效率为目标，优化能源开发布局，加强电力系统调峰能力建设，实施需求侧响应能力提升工程，推动能源生产供应集成优化，构建多能互补、供需协调的智慧能源系统。

1）优化能源开发布局 。根据国家发展战略，结合全国主体功能区规划和大气污染防治要求，充分考虑产业转移与升级、资源环境约束和能源流转成本，全面系统优化能源开发布局。能源资源富集地区合理控制大型能源基地开发规模和建设时序，创新开发利用模式，提高就地消纳比例，根据目标市场落实情况推进外送通道建设。能源消费地区因地制宜发展分布式能源，降低对外来能源调入的依赖。充分发挥市场配置资源的决定性作用和更好发挥政府作用，以供需双方自主衔接为基础，合理优化配置能源资源，处理好清洁能源充分消纳战略与区域间利益平衡的关系，有效化解弃风、弃光、弃水和部分输电通道闲置等资源浪费问题，全面提升能源系统效率。

2）加强电力系统调峰能力建设。加快大型抽水蓄能电站、龙头水电站、天然气调峰电站等优质调峰电源建设，加大既有热电联产机组、燃煤发电机组调峰灵活性改造力度，改善电力系统调峰性能，减少冗余装机和运行成本，提高可再生能源消纳能力。积极开展储能示范工程建设，推动储能系统与新能源、电力系统协调优化运行。推进电力系统运行模式变革，实施节能低碳调度机制，加快电力现货市场及电力辅助服务市场建设，合理补偿电力调峰成本。

3）实施能源需求响应能力提升工程 。坚持需求侧与供给侧并重，完善市场机制及技术支撑体系，实施"能效电厂""能效储气库"建设工程，逐步完善价格机制，引导电力、天然气用户自主参与调峰、错峰，增强需求响应能力。以智能电网、能源微网、电动汽车和储能等技术为支撑，大力发展分布式能源网络，增强用户参与能源供应和平衡调节的灵活性和适应能力。积极推行合同能源管理、综合节能服务等市场化机制和新型商业模式。

4）实施多能互补集成优化工程 。加强终端供能系统统筹规划和一体化建设，在新城镇、新工业园区、新建大型公用设施（机场、车站、医院、学校等）、商务区和海岛地区等新增用能区域，实施终端一体化集成供能工程，因地制宜推广天然气热电冷三联供、分布式再生能源发电、地热能供暖制冷等供能模式，加强热、电、冷、气等能源生产耦合集成和互补利用。在既有工业园区等用能区域，推进能源综合梯级利用改造，推广应用上述供能模式，加强余热余压、工业副产品、生活垃圾等能源资源回收及综合利用。利用大型综合能源基地风能、太阳能、水能、煤炭、天然气等资源组合优势，推进风光水火储多能互补工程建设运行。

5）积极推动"互联网+"智慧能源发展。加快推进能源全领域、全环节智慧化发展，实施能源生产和利用设施智能化改造，推进能源监测、能量计量、调度运行和管理智能化体系建设，提高能源发展可持续自适应能力。加快智能电网发展，积极推进智能变电站、智能调度系统建设，扩大智能电表等智能计量设施、智能信息系统、智能用能设施应用范围，提高电网与发电侧、需求侧交互响应能力。推进能源与信息、材料、生物等领域新技术深度融合，统筹能源与通信、交通等基础设施建设，构建能源生产、输送、使用和储能体系协调发展、集成互补的能源互联网。

第四节　新能源及节能技术

新能源是指在新技术基础上加以开发利用的可再生能源，包括太阳能、生物质能、风能、地热能、波浪能、海流能和潮汐能，以及海洋表面与深层之间的热循环等。此外，还有氢能、沼气、酒精及甲醇等，随着常规能源的有限性及环境问题的日益突出，以环保和可再生为特征的新能源越来越得到各国的重视。

节能技术是指采取先进的技术手段来实现节约能源的目的。具体可理解为，根据能源使用情况和能源类型分析能耗现状，找出能源浪费的原因，然后依此采取对应措施来减少能源浪费，达到节约能源的目的。

目前，在我国可以形成产业的新能源主要包括水能（主要指小型水电站）、风能、生物质能、太阳能及地热能等，是可循环利用的清洁能源。新能源产业的发展既是整个能源供应系统的有效补充手段，也是环境治理和生态保护的重要措施，是满足人类社会可持续发展需要的最终能源选择。

随着人口数量的增加以及工业化和城镇化进程的加快，特别是经济高速发展对能源需求量的大幅度上升，日益凸显出能源短缺的约束。以煤为主的能源结构及其传统工艺技术使环境不堪重负。因此，大力推动节能技术的进步，加强节能监管和服务体系的建设，提高能源有效利用率，开发利用新能源和可再生能源，是我国能源可持续发展的基本方向。解决能源可持续发展的办法有三种：一是减少资源消耗；二是开发新能源，积极利用可再生能源；三是开发新材料、新工艺，最大限度地实现高效节能，促进低碳经济的发展。

节能除了依靠技术进步以外，更重要的是相关的政策、法规及其实施的"刚"度。改革开放以来，我国开发、示范（引进）和推广了一大批节能新技术、新工艺和新设备，节能技术水平有了很大提高。但从总体上看，依然存在投入不足、创新能力弱的问题，先进适用的节能技术，特别是一些有重大带动作用的关键技术开发不够。同时，由于缺乏鼓励节能技术推广的政策和机制，多数企业融资困难，节能技术推广应用较难。针对工业部门能耗巨大的现实和交通运输、居民生活所需能源快速增长的趋势，应着重加强重点部门和共性关键节能技术的研究和推广应用，坚持自主开发和技术引进相结合的路线，大力推广现有成熟的、先进的节能技术，解决节能设备和产品的经济适用性、高可靠性、大批量生产的工艺和技术问题，实现跨越式发展，通过大规模应用达到普遍节能。大力发展节能高新技术，争取在新能源使用及转化技术、可再生能源技术、高效节能技术及产品等方面取得突破，大幅度挖掘节煤、节油和节电的潜力。

2017 年国务院印发《"十三五"节能减排综合工作方案》（下称《方案》）。《方案》明确了"十三五"节能减排工作的主要目标和重点任务，对全国节能减排工作进行全面部署。

《方案》指出，要落实节约资源和保护环境基本国策，以提高能源利用效率和改善生态环境质量为目标，以推进供给侧结构性改革和实施创新驱动发展战略为动力，坚持政府主导、企业主体、市场驱动、社会参与，加快建设资源节约型、环境友好型社会。到 2020 年，全国万元国内生产总值能耗比 2015 年下降 15%，能源消费总量控制在 50 亿 t 标准煤以内。全国化学需氧量、氨氮、二氧化硫、氮氧化物排放总量分别控制在 2001 万 t、207 万 t、1580 万 t、1574 万 t 以内，比 2015 年分别下降 10%、10%、15% 和 15%。全国挥发性有机物排放总量比 2015 年下降 10% 以上。

《方案》从十一个方面明确了推进节能减排工作的具体措施。一是优化产业和能源结构，促进传统产业转型升级，加快发展新兴产业，降低煤炭消费比重。二是加强重点领域节能，提升工业、建筑、交通、商贸、农村、公共机构和重点用能单位能效水平。三是深化主要污染物减排，改变单纯按行政区域为单元分解控制总量指标的方式，通过实施排污许可制，建立健全企事业单位总量控制制度，控制重点流域和工业、农业、生活、移动源污染物排放。四是大力发展循环经济，推动园区循环化改造，加强城市废弃物处理和大宗固体废弃物综合利用。五是实施节能、循环经济、主要大气污染物和主要水污染物减排等重点工程。六是强化节能减排技术支撑和服务体系建设，推进区域、城镇、园区、用能单位等系统用能和节能。七是完善支持节能减排的价格收费、财税激励、绿色金融等政策。八是建立和完善节能减排市场化机制，推行合同能源管理、绿色标识认证、环境污染第三方治理、电力需求侧管理。九是落实节能减排目标责任，强化评价考核。十是健全节能环保法律法规标准，严格监督检查，提高管理服务水平。十一是动员全社会参与节能减排，推行绿色消费，强化社会监督。

思　考　题

1. 什么是能源？能源是如何分类的？
2. 简述新能源的概念及发展方向。
3. 常规能源会对环境有何影响？
4. 什么是可持续发展？与能源有什么关系？
5. 什么是节能？节约能源有什么具体措施？
6. 能源利用与社会发展、环境保护有什么关系？

第二章 常规能源

第一节 煤

煤是一种固体可燃有机岩，主要由古代植物遗体埋藏在地下经复杂的生物化学和物理化学变化，再经地质作用转变而逐渐形成，俗称煤炭。煤炭被人们誉为"黑色的金子"。它是18世纪以来人类世界使用的主要能源之一。

一、煤的形成

煤的化学成分主要为碳、氢、氧、氮及硫等元素。在显微镜下可以发现煤中有植物细胞组成的孢子、花粉等，在煤层中还可以发现植物化石。所有这些都可以证明煤是由植物遗体堆积而成的，即煤炭是千百万年来植物的枝叶和根茎在地面上堆积而成的一层极厚的黑色的腐植质，由于地壳的变动不断地埋入地下，长期与空气隔绝，并在高温高压下经过一系列复杂的物理、化学变化过程，形成的黑色可燃性沉积岩。可见，煤是由植物的残骸经过复杂的生物化学作用和物理化学作用转变而成的，这个转变过程叫作植物的成煤作用。一般认为，成煤过程分为两个阶段：泥炭化阶段和煤化阶段。前者主要是生物化学过程，后者主要是物理化学过程。

在泥炭化阶段，植物残骸既分解又化合，最后形成泥炭或腐泥。泥炭和腐泥都含有大量的腐植酸，其组成和植物的组成已经有很大的不同。

煤化阶段包含两个连续的过程。

第一个过程是在地热和压力的作用下，泥炭层发生压实、失水、肢体老化及硬结等各种变化而成为褐煤。褐煤的密度比泥炭大，在组成上也发生了显著的变化，碳含量相对增加，腐植酸含量减少，氧含量也减少。因为煤是一种有机岩，所以这个过程又叫作成岩作用。

第二个过程是褐煤转变为烟煤和无烟煤的过程。在这个过程中，地壳继续下沉，褐煤的覆盖层也随之加厚。在地热和静压力的作用下，褐煤继续经受着物理化学变化而被压实、失水，其内部组成、结构和性质都进一步发生变化。烟煤相比褐煤来讲，碳含量增高，氧含量减少，腐植酸在烟煤中已经不存在了。烟煤继续进行着变质作用，由低变质程度向高变质程度变化，从而出现了低变质程度的长焰煤、气煤，中等变质程度的肥煤、焦煤和高变质程度的瘦煤、贫煤。它们之间的碳含量也随着变质程度的加深而增大。

温度对于在成煤过程中的化学反应起着决定性的作用。随着地层的加深，地温的升高，煤的变质程度也逐渐加深。高温作用的时间越长，煤的变质程度越高；反之亦然。在温度和时间的同时作用下，煤的变质过程基本上是化学变化过程。在其变化过程中所进行的化学反应是多种多样的，包括脱水、脱羧、脱甲烷、脱氧和缩聚等。

压力也是煤形成过程中的一个重要因素。随着煤化过程中气体的析出和压力的增高，反应速度会越来越慢，但却能促成煤化过程中煤质物理结构的变化，能够减少低变质程度煤的孔隙率和水分，并增加密度。

地球经历了不同的地质年代，随着气候和地理环境的改变，生物也在不断地发展和演化。就植物而言，从无生命一直发展到被子植物。这些植物在相应的地质年代中形成了大量的煤。在整个地质年代中，全球范围内有三个大的成煤期。

1）古生代的石炭纪和二叠纪，成煤植物主要是袍子植物。主要煤种为烟煤和无烟煤。

2）中生代的侏罗纪和白垩纪，成煤植物主要是裸子植物。主要煤种为褐煤和烟煤。

3）新生代的第三纪，成煤植物主要是被子植物。主要煤种为褐煤，其次为泥炭，也有部分年轻烟煤。

二、煤的开采

采煤向来是一项最艰苦的工作，人们当前正在努力改善工作条件。我国的采煤方法在悠久的采煤历史中发展、进步，根据煤层赋存条件的多样性，需要不同的采煤方法和采煤工艺。根据煤层的赋存情况（厚度、埋藏深度等）和开采技术条件分为：矿井开采（埋藏较深）和露天开采（埋藏较浅）两种方式。可露天开采的资源量在总资源量中的比重大小，是衡量开采条件优劣的重要指标，我国可露天开采的煤储量仅占总煤储量的7.5%，美国为32%，澳大利亚为35%；矿井开采条件的好坏与煤矿中含瓦斯的多少成反比，我国煤矿中含瓦斯比例较高，高瓦斯和有瓦斯突出的矿井占40%以上。我国采煤以矿井开采为主，如山西、山东、徐州及东北地区大多数采用这一开采方式，也有露天开采，如内蒙古霍林河煤矿就是我国最大的露天矿区。

三、煤的利用

煤既是动力燃料，又是化工和制焦炼铁的原料，素有"工业粮食"之称。众所周知，工业界和民间常用煤做燃料以获取热量或提供动力。在世界历史上，揭开工业文明篇章的瓦特蒸汽机就是由煤驱动的。此外，还可把燃煤热能转化为电能进而长途输运，火力发电占我国电结构的比重很大，也是世界电能的主要来源之一。煤燃烧残留的煤矸石和灰渣可用作建筑材料。煤还是重要的化工材料：炼焦、高温干馏制煤气是煤最为重要的化工应用，还用于民间和制造合成氨原料；低灰、低硫和可磨性好的品种还可以制造多种碳素材料。

四、煤炭资源的分布

地球上的煤炭资源非常丰富，是能源宝库中十分可贵的物质财富。按照近十几年来世界煤炭的年产量估算，再考虑到今后陆续探明的新储量，估计全世界煤炭至少还可以开采二三百年。

1. 世界煤炭资源的分布

世界煤炭资源的地理分布是很广泛的，遍及各大洲的许多地区，但又是不均衡的。总的来说，北半球多于南半球，尤其集中在北半球的中温带和亚寒带地区。

世界煤炭资源的地理分布，以两条巨大的聚煤带最为突出，一条横亘欧亚大陆，西起英国，向东经德国、波兰、俄罗斯，直到我国的华北地区；另一条呈东西向绵延于北美洲的中部，包括美国和加拿大的煤田。南半球的煤炭资源也主要分布在温带地区，比较丰富的有澳大利亚、南非和博茨瓦纳。

北半球北纬30°~70°之间是世界上最主要的聚煤带，占有世界煤炭资源总量的70%以上。世界煤炭可采储量的60%集中在美国（25%）、苏联（23%）和中国（12%），此外，澳大利亚、印度、德国和南非4个国家共占世界煤炭可采储量的29%。

2. 我国煤炭资源的分布

我国煤炭资源蕴含量非常丰富，储量可观，为世界所瞩目。德国地质学家李希霍芬称我国为"世界第一石炭国"。我国是世界上发现、利用和开采煤炭最早的国家。在辽宁、陕西等地的新石器时代晚期的遗物和两周的墓葬中，曾发现用煤精雕刻制成的耳环、发簪、圆环及耳珰等饰物。可见，这一时期我国人民就已具有加工煤精的能力，而且还可以探取煤层浅部露头。我国是世界第一产煤大国，也是煤炭消费的大国。

截至2017年年底，全国有煤矿7662座，总产能为53.08亿t。从产能大小来看，产能≥120万t的煤矿数为1170座，产能为25.20亿t，占比总产能的47.48。从安全生产标准化等级来看，我国一级安全生产标准化煤矿876座，产能为21.13万t，二级安全生产标准化煤矿1430座，产能为7.96亿t，三级安全生产标准化煤矿1663座，产能为3.42亿t。从开采方式来看，井工矿7223座，产能为43.86亿t，露天矿439座，产能为9.22亿t。从生产状态来看，正常生产煤矿3892座，产能为32.64亿t，改扩建与新建煤矿1600座，产能为15.18亿t，长期停产停建煤矿2170座，产能为5.26亿t。

我国现有煤炭地质储量约为1.02万亿t，折合有效储量约为3000亿t，据估计，2025年煤炭产量将达到50亿t的顶峰，我国现有储量足够挖60年。我国尚未探明的煤炭预测储量约为4.55万亿t，地质资源总量（探明+预测）为5.57万亿t，假设我国最终能探明预测煤炭资源储量的70%（约合8500亿t）为有效储量，则可以延长开采170年，我国煤炭资源在23世纪中期后将彻底枯竭。

巨大的煤炭地质储量数据并不代表实际可用的有效储量，这是因为许多煤炭资源实际无法开发，例如，受高压地下水威胁、瓦斯含量过高、铁路公路水库下的煤及城区地下的煤。煤田是多层且形状很不规则的，矿井设计过程中不可避免地要放弃一些边边角角和超薄煤层，而且还要保留一部分煤体充当矿井支柱，开采过程中也不可能挖尽。综合这些因素，实际可以开采的煤炭比例并不高。

在全国2100多个县中，1200多个县有预测储量，已有煤矿进行开采的县就有1100多个，占60%左右。从煤炭资源的分布区域看，华北地区最多，占全国保有储量的49.25%；其次为西北地区，占全国的30.39%；然后依次为西南地区，占8.64%，华东地区，占5.7%，中南地区，占3.06%，东北地区，占2.96%。按省、市、自治区计算，山西、内蒙古、陕西、新疆、贵州和宁夏6省及自治区最多，这6省及自治区的保有储量约占全国的81.6%。

第二节　石油

石油又称为原油，是一种黏稠的、深褐色液体，俗称"工业的血液"，是当今世界的主要能源，也是优质动力燃料的原料。它是各种烷烃、环烷烃及芳香烃的混合物。石油作为一种与人类生活密切相关的商品，已经构成了现代生活方式和社会文明的基础。

一、石油的形成

世界上对石油的成因存在着不同的观点，大致可分为无机生成学说和有机生成学说两大派。当前，石油地质学界普遍承认，石油和天然气的生源物是生物，特别是低等的动物和植物。若生源物的来源主要是在海洋中生活的生物，就称之为海相生油；若生源物的来源主要是非海相生物，即生活于湖沼的生物，就称之为陆相生油。我国绝大部分石油属于陆相生油的范围。

石油是古代生物遗骸经过很复杂的生物和化学作用转化而成的，据估计，大约只有千分之一或更少的生物体有机会经过很快的掩埋，与氧隔绝避免腐烂，并转化成石油的前身——油母质。油母质是一种大分子的有机质聚合物，以固态存在于页岩或碳酸岩的颗粒间，它的成分很复杂，含碳、氢和少量的氮、硫、氧。通常认为油母质的形成是由生物聚合物（如蛋白质等）先分解成单分子体，再重新聚合而成。

油母质的形成多数在沉积物掩埋的早期，当时的地温大多不超过50℃。大约经历几千万年后，沉积物越埋越深，地温越来越高（100～150℃），油母质的成熟度达到一定范围就转化成液态石油或天然气。

石油的生成是受化学动力控制的不可逆反应，就像我们煮食物一样，温度高所需时间就短，温度低就得慢慢熬。一般认为油母质转化成石油符合反应速率的准则。石油地球化学家以实验模拟的方式把油母质在压力锅中加热，通过观察石油的产生并测量其反应速率和参数，再从地层中已知生油岩掩埋的深度或其相当的地层温度和地层掩埋的时间（约千万年）去估计石油生成的量。

埋藏在深处的石油分子经过长期地热的煎熬（150～200℃），逐渐裂解成天然气和焦沥青，最终会以气态形式再度移栖到浅处成为天然气藏，或以固态的天然气水合物隐藏在深海底，或逸出地表。石油的裂解过程如同石油的生成一样，是不可逆反应，甲烷和石墨为其最终产物。

石油经油母质转化生成后，起初大部分被残留的油母质所吸收。当石油的产生量超过油母质所能吸收的最大量时，就会进入生油岩地层的孔隙间。当石油的产生量越来越多，地层内压力就会升高，将油气由生油岩排出到周围孔隙度高的地层中。有时生油岩地层压力高过岩层的强度，则会发生破裂，由此便会加速油气从生油岩中排出（初次移栖）。

二、石油的开采

石油多集中在被不透水岩层包围或限制的砂岩内，一般位于构造凸起处。在多孔的岩石中，石油浮在盐水层的上面，可采用钻孔进行开采。

当油气进入高孔隙的地层中，由于孔隙大，毛细阻力小，油气可通过浮力快速沿着此运载地层往浅处移动，这就是二次移栖。当油气在移栖途径中遇到不透油的地层（封阻）因受阻而停留下来，慢慢由上而下汇集在此封闭地层中，封闭地层内的石油越聚越多，就形成所谓的油藏。

石油勘探者如果能准确地定出石油移栖的途径和方向，就可沿途按图索骥探寻可能存在的油藏。石油地质学的研究表明，石油二次移栖的途径和方向与地下地质断层构造和运载地层的特性及连续性有密切关系。地球物理学家利用震波探测技术、地质学家通过研究地层的变化与构造，可提供详细的地下地质轮廓，让我们了解油气最可能移栖的地层或断层，以及能够封阻油气的盖层和封闭。

倘若石油的来源不断，持续汇集，一直到此封闭地层被油气填满，此时，如果有油气再补充进入，则封闭地层中的油气将从下方溢口溢出，经由其他途径再向浅处移栖。除了少量油气会在日后被人类开采，多数残留在地层内的油气终究难逃被细菌吞噬的命运，因为细菌的生化作用可大大改变石油的成分和性质，使其变重而多硫，因而并不为人类所喜欢。

地球化学家根据石油中的生物指标或碳和氢同位素的含量，可得到油藏中的石油是从哪个生油岩地层来的，并追踪生油岩地层和石油移栖的方向，就如同警察利用指纹和 DNA 追踪罪犯一样。有些生物指标的特性和含量可反映油母质是否已成熟，石油是否已生成。此外，因为石油中的极性有机分子在移栖途中易被地层中的黏土矿物吸附，所以它的含量随移栖距离的增加而减少，也因此可以判断出石油移栖的远近。

三、石油资源的分布

世界石油资源的分布总体来看极端不平衡：从东西半球看，约 3/4 集中于东半球，西半球占 1/4；从南北半球看，主要集中于北半球；从纬度分布看，主要集中在北纬 20°~40°和 50°~70°两个纬度带内。波斯湾及墨西哥湾两大油区和北非油田均处于北纬 20°~40°内，该带集中了 51.3%的世界石油储量；50°~70°纬度带内有著名的北海油田、俄罗斯西伯利亚油区、伏尔加-乌拉尔油区等。

随着石油勘探新技术的运用以及石油需求的增加，世界各个国家和地区石油探明储量呈现逐年增长的趋势。

从历年来看，由《BP 世界能源统计年鉴 2017》的数据可知，2006 年的探明储量为 1.4 万亿桶，2016 年的探明储量为 1.7 万亿桶，10 年间年均增长 2.3%，增幅显著。

从地区来看，已探明石油储量中，地区分化比较严重，其中中东地区储量为 0.81 万亿桶，占全球总储量的 47.7%；整个欧洲和欧亚大陆的储量为 0.16 万亿桶，占全球总储量的 9.5%；中南美洲和非洲的储量分别为 0.33 万亿桶和 0.13 万亿桶，各占 19.2% 和 7.5%；北美洲储量为 0.23 万亿桶，占 13.3%；亚太地区储量只有 0.048 万亿桶，占比为 2.8%。增长速度最快的是中南美洲地区，近 10 年年均增长达 19.7%。

国家来看，截至 2016 年年底，委内瑞拉已探明总储量达到 3009 亿桶，占世界储量的 17.6%，其拥有世界上最大的重油蕴藏区——奥里诺科重油带。其次是沙特阿拉伯和加拿大，占比分别为 15.6%和 10.0%，其中加拿大阿尔伯特省北部的油砂储藏属于非常规原油矿藏，但占整个加拿大原油矿藏的 96.4%以上。已探明总储量世界排名前五的国家还包括伊朗和伊拉克。

根据《BP 世界能源统计年鉴 2017》，我国已探明储量为 257 亿桶，占全球储量的 1.5%。近年来，随着非常规油气资源开采技术的进步，特别是以美国页岩油气、致密岩性油气资源为代表的非常规能源的勘探开发正在改变全球能源供应格局。

第三节　天然气

天然气又称为油田气、石油气和石油伴生气。天然气的化学组成及物理化学特性因地而异。它的主要成分是甲烷，还含有少量乙烷、丁烷、戊烷、二氧化碳、一氧化碳及硫化氢等。无硫化氢时为无色、无臭、易燃、易爆的气体，密度大多为 $0.6 \sim 0.8 \mathrm{g/cm^3}$，比空气轻。通常将甲烷含量高于90%的称为干气，甲烷含量低于90%的称为湿气。

一、天然气的形成

天然气与石油生成的过程既有联系又有区别：石油主要形成于深成作用（即在地壳深部高温条件下发生的一种区域变质作用）阶段，由催化裂解作用引起，而天然气的形成则贯穿于成岩、深成、后成，直至变质作用的始终；与石油的生成相比，无论是原始物质还是生成环境，天然气的生成都更广泛、更迅速和更容易，各种类型的有机质都可形成天然气——腐泥型有机质则既可生成油又可生成气，腐植型有机质主要生成气态烃。因此，天然气的成因是多种多样的，归纳起来，天然气的成因可分为生物成因气、油型气和煤型气。

二、天然气的开采

天然气也同原油一样埋藏在地下封闭的地质构造之中，有些和原油储藏在同一层位，有些单独存在。对于和原油储藏在同一层位的天然气，会伴随原油一起开采出来。对于只有单相气存在的，称之为气藏，其开采方法既与原油的开采方法十分相似，又有其特殊的地方。由于天然气密度小，因而井筒气柱对井底的压力小；天然气黏度较小，故在地层和管道中的流动阻力也小；又由于天然气的膨胀系数大，其弹性能量也大。因此，开采天然气时一般采用自喷方式，因为气井压力一般较高，加上天然气属于易燃易爆气体，因而对采气井口装置的承压能力和密封性能比对采油井口装置的要求较高。

天然气的开采有其自身的特点。首先，伴随着天然气的开采进程，水体的弹性能量会驱使水沿高渗透带窜入气藏。在这种情况下，由于岩石本身的亲水性和毛细管压力的作用，水的侵入不是有效地驱替气体，而是将空隙中未排出的气体封闭，从而形成死气区。这部分被封闭在水侵带的高压气体，数量可以高达岩石孔隙体积的30% ~ 50%，大大降低了气藏的最终采收率。其次，气井产水后，气流入井底的渗流阻力会增加，气液两相沿油井向上的管流总能量消耗将显著增大。随着水侵影响的日益加剧，气藏的采气速度逐渐下降，气井的自喷能力逐渐减弱，单井产量迅速递减，直至井底严重积水而停产。治理气藏水患主要从两方面入手：一是排水；二是堵水。堵水就是采用机械卡堵、化学封堵等方法将产气层和产水层分隔开或是在油藏内建立阻水屏障。排水办法较多，主要原理是排除井筒积水，专业术语为排水采气法。

三、天然气与石油的比较

石油、天然气在元素组成、结构形式及生成的原始材料和时序等方面，有其共性、亲缘性，也有其特性、差异性。

在化学组成的特征上，天然气分子量小（小于20）、结构简单、H/C 原子比高（4 ~ 5）、碳同位素的分馏作用显著；石油的分子量大（75 ~ 275）、结构也较复杂、H/C 原子比相对低（1.4 ~ 2.2）、碳同位素的分馏作用比天然气弱。

在物理性质方面，天然气基本是只含有极少量液态烃和水的单一气相；石油则是可包容气、液、固三相而以液相为表征的混合物。天然气密度比石油小得多，既易压缩，又易膨胀。在标准条件下，天然气黏度与石油黏度相差几个数量级。天然气的扩散能力和在水中的溶解度均大于石油。

在生成条件方面，天然气比石油广泛。天然气既有有机质形成，也有深成无机质形成；沉积环境以湖沼型为主；生气母质以腐殖型干酪根为主，生成的温度区间较宽，在浅部低温下即开始生成生物气；在中等深度（温度大多为 65～90℃）范围内，发生有机质热降解，天然气也会伴随石油一起产生；在深部高温条件下，有机质裂解则又主要是生成天然气。世界上已探明的天然气储量中，约有 90% 都不与石油伴生，而是以纯气藏或凝析气藏的形式出现，从而形成含气带或含气区。

由于天然气具有的一些特性，使其在理论研究、资源评价及勘探技术方法和开采方式上与石油也不尽相同。因此，需要发展一些具有针对性的工作方法和技术系列，以适应今后不断扩大的天然气资源开发的需要。

随着科技的发展，在未来的世界里，人类肯定会找到比天然气更为理想的能源。但不管将来用哪种能源取代天然气，天然气都将起到向新能源迈进的不可替代的桥梁作用。

四、天然气资源的分布

1. 世界天然气资源的分布

俄罗斯的天然气储量有 47 万亿 m^3，占世界总储量的 26.7%，居世界第一位。伊朗的天然气储量有 26.69 万亿 m^3、卡塔尔有 25.77 万亿 m^3，分别占世界总储量的 15.2% 和 14.7%。这 3 个国家的天然气储量占据世界总储量的 56.6%。天然气储量处于第二梯队的是沙特阿拉伯（8.03 万亿 m^3）、美国（7.72 万亿 m^3）、阿联酋（6.09 万亿 m^3）、委内瑞拉（5.52 万亿 m^3）、尼日利亚（5.11 万亿 m^3）和阿尔及利亚（4.52 万亿 m^3）。上述 9 国的天然气总储量约占世界天然气储量的 75%。在亚太地区，马来西亚、澳大利亚和印度尼西亚的天然气储量均高于我国。

2. 我国天然气资源的分布

截至 2015 年年末，我国天然气已探明储量约为 3.8 万亿 m^3，占全球总量的 2.1%，天然气平均储采比 R/P（已探明储量/年产量）为 27.8 年。近年来，全球天然气产量和消费量整体上呈现同步增长的趋势。2017 年中国天然气产量达到 1474.2 亿 m^3，累计增长 8.5%。

我国天然气资源的层系分布以新生界和古生界地层为主，在总资源量中，新生界占 37.3%，中生界占 11.1%，上古生界占 25.5%，下古生界占 26.1%。天然气资源中高成熟的裂解气和煤层气占主导地位，分别占总资源量的 28.3% 和 20.6%，油田伴生气占 18.8%，煤层吸附气占 27.6%，生物气占 4.7%。我国天然气探明储量集中在 10 个大型盆地或地区，依次为鄂尔多斯、四川、塔里木、松辽、准噶尔、渤海湾、莺歌海—琼东南、南海南部、东海陆架及柴达木。我国气田以中小型为主，大多数气田的地质构造比较复杂，勘探开发难度较大。

思 考 题

1. 煤是如何形成的？
2. 简述石油和天然气的成因。
3. 简述常规能源的利用现状。
4. 煤、石油、天然气的未来发展方向如何？
5. 简述煤、石油、天然气在我国的分布情况。

第三章　太阳能及其利用

第一节　太阳能概述

一、太阳和太阳辐射能

太阳是一个发光发热的巨型气态恒星，位于太阳系中心。在广袤浩瀚的繁星世界里，太阳的亮度、大小和物质密度都处于中等水平。但是，因为它离地球较近，所以看上去是天空中最大最亮的天体。而其他恒星离地球都非常遥远，即使是最近的恒星，也比太阳远27万倍，因而看上去只是一个闪烁的光点。

太阳内部不停地发生着由氢聚变成氦的热核反应，并向宇宙释放出巨大的能量。射到地球的阳光，向地球输送了大量的光和热，成为地球上万物生长的源泉。组成太阳的物质大多是些普通的气体，其中氢约占71%、氦约占27%，其他元素占2%。太阳从中心向外可分为核心区、辐射区、对流层和大气层。太阳的大气层像地球的大气层一样，可按不同的高度和不同的性质分成各个圈层，即从内向外分别为光球层、色球层和日冕层。人们平常看到的太阳表面，是太阳大气的最底层，温度约是6000K（热力学温度 = 摄氏温度 + 273.15）。它是不透明的，因此人们不能直接看见太阳内部的结构。但是，天文学家根据物理理论和对太阳表面各种现象的研究，建立了太阳的内部结构和物理状态模型。

1. 太阳的内部构造

太阳的内部主要可以分为三层：核心区、辐射区和对流层。太阳的核心区半径是太阳半径的1/4，约为整个太阳质量的一半以上。太阳核心的温度极高，可达到1500万K，压力也极大，这使得由氢聚变为氦的热核反应得以发生，从而释放出极大的能量。这些能量通过辐射区和对流层中物质的传递，才得以传送到太阳光球的底部，并通过光球向外辐射出去。太阳核心区的物质密度非常高，每立方厘米可达160g。太阳在自身强大重力的吸引下，使其核心区处于高密度、高温和高压状态，它是太阳巨大能量的发源地。太阳核心区产生的能量主要靠辐射形式传递。太阳核心区之外就是辐射区，辐射区的范围是从核心区顶部的0.25个太阳半径向外到0.71个太阳半径，这里的温度、密度和压力都是从内向外递减。从体积来说，辐射区占整个太阳体积的绝大部分。太阳内部能量不仅向外传播辐射，还有对流过程，即从0.71个太阳半径向外到达太阳大气层的底部，这一区间称为对流层。这一层的气体性质变化很大，很不稳定，形成明显的上下对流运动，它是太阳内部结构的最外层。太阳的内部结构如图3-1所示。

2. 太阳辐射能

太阳辐射能又称为太阳辐射热，是地球外部的全球性能源。太阳辐射大致可以分为直接太阳辐射、天空散射辐射、地表反射辐射、地面长波辐射及大气长波辐射。自古以来，太阳能就是一种原始的基本能源，地球上所有的生命和文明都得益于太阳提供的能量。从聚光取火到开采石油，人们的生产生活始终离不开以各种形式存在的太阳能，生物质能、风能、海洋能及水能等都来自太阳能。在科技高度发达的今天，非太阳能能源（如核能、地热能等）占世界一次能源的比例仍有限。随着全世界化石能源的逐渐紧缺，人们又把太阳能作为一种重要的可再生能源重新加以重视、研究和利用。

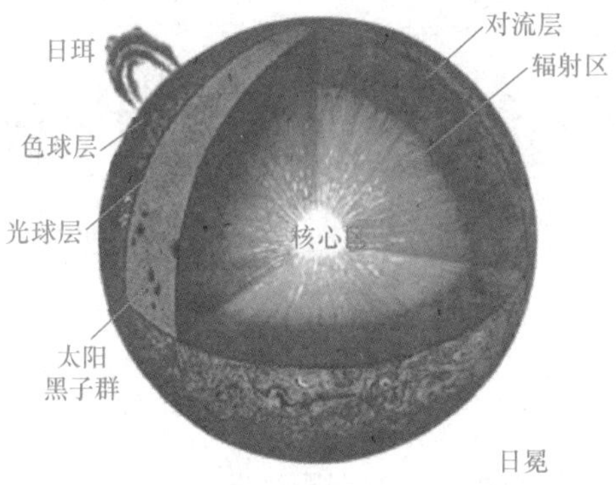

图 3-1 太阳的内部结构图

二、太阳能资源及其分布

因距离遥远，太阳释放的能量只有 22 亿分之一投射到地球。到达地球大气层的太阳能，还要经过大气层的反射和吸收，其中，30% 被大气层反射，23% 被大气层吸收。能够投射到地面的只有 47% 左右。

地球上陆地面积只占地球表面的 21%，再除去沙漠、森林、山地及江河湖泊，实际到达人类居住区域的太阳辐射功率，占到达地球大气层的太阳总辐射功率的 5%～6%。尽管如此，每年到达地球表面的太阳能仍相当于 1300 万亿 t 标准煤所能释放出的能量，是全球能耗的上万倍。目前全球人类每年能源消费的总和只大约相当于太阳在 40min 内照射到地球表面的能量。

1. 世界太阳能资源的分布

根据国际太阳能热利用区域分类，全世界太阳能辐射强度和日照时间最佳的区域包括北非、南欧、中东地区、美国西南部和墨西哥、澳大利亚、南非、南美洲东海岸和西海岸及我国西部地区等。

1）北非地区是世界太阳能辐照最强烈的地区之一。阿尔及利亚、摩洛哥、埃及、突尼斯及利比亚的太阳能热发电潜力很大。阿尔及利亚的太阳年辐照总量为 $9720MJ/m^2$，技术开发量每年约为 169440TW·h，其国内高地和撒哈拉地区太阳年辐照总量为 6840～$9540MJ/m^2$，其全国总土地的 82% 适用于太阳能热发电站的建设。摩洛哥的太阳年辐照总量为 $9360MJ/m^2$，技术开发量每年约为 20151TW·h。埃及的太阳年辐照总量为 $10080MJ/m^2$，技术开发量每年约为 73656TW·h。太阳年辐照总量大于 $280MJ/m^2$ 的国家还有突尼斯、利比亚等国。

2）南欧的太阳年辐照总量超过 $7200MJ/m^2$。这些国家包括西班牙、意大利、希腊、葡萄牙和土耳其等。西班牙的太阳年辐照总量为 $8100MJ/m^2$，技术开发量每年约为 1646 TW·h。意大利的太阳年辐照总量为 $7200MJ/m^2$，技术开发量每年约为 88TW·h。希腊的太阳年辐照总量为 $6840MJ/m^2$，技术开发量每年约为 44TW·h。葡萄牙的太阳年辐照总量为 $7560MJ/m^2$，技术开发量每年约为 436TW·h。土耳其的技术开发量每年约为 400TW·h。西班牙的南方地区是最适合建设太阳能热发电站的地区之一，该国也是太阳能热发电技术水平最高、太阳能热发电站建设最多的国家之一。

3）中东几乎所有地区的太阳能辐射能量都非常高。阿拉伯联合酋长国的太阳年辐照总量为 $7920MJ/m^2$，技术开发量每年约为 2708TW·h。以色列的太阳年辐照总量为 $8640MJ/m^2$，技术开发量每年约为 318TW·h。伊朗的太阳年辐照总量为 7920MJ/m²，技术开发量每年约为 20PW·h。约旦的太阳年辐照总量约为 9720MJ/m²，技术开发量每年约为 6434TW·h。以色列是太阳能利用的最佳地区之一，其太阳能热利用技术处于世界最高水平之列。我国第一座 70kW 太阳能塔式热发电站就是利用以色列技术建设的。

4）美国也是世界太阳能资源最丰富的地区之一。全国一类地区太阳年辐照总量为 9198～10512MJ/m²，一类地区包括亚利桑那州和新墨西哥州的全部，加利福尼亚州、内华达州、犹他州、科罗拉多州和得克萨斯州的南部，占国土总面积的 9.36%。二类地区太阳年辐照总量为 7884～9198MJ/m²，除了包括一类地区所列州的其余部分外，还包括犹他州、怀俄明州、堪萨斯州、俄克拉何马州、佛罗里达州、佐治亚州和南卡罗来纳州等，占国土总面积的 35.67%。三类地区太阳年辐照总量为 6570～7884MJ/m²，包括美国北部和东部大部分地区，占国土总面积的 41.81%。四类地区太阳年辐照总量为 5256～6570MJ/m²，包括阿拉斯加州大部分地区，占国土总面积的 9.94%。五类地区太阳年辐照总量为 3942～5256MJ/m²，仅包括阿拉斯加州最北端的小部分地区，占国土总面积的 3.22%。美国的西南部地区全年平均温度较高，有一定的水源，冬季没有严寒，虽属于丘陵山地区，但地势平坦的区域也很多，只要避开大风地区，是非常好的太阳能热发电地区。

5）澳大利亚的太阳能资源也很丰富。全国一类地区太阳年辐照总量为 7621～8672MJ/m²，主要在澳大利亚北部地区，占国土总面积的 54.18%。二类地区太阳年辐照总量为 6570～7621MJ/m²，包括澳大利亚中部，占国土总面积的 35.44%。三类地区太阳年辐照总量为 5389～6570MJ/m²，在澳大利亚南部地区，占国土总面积的 7.9%。太阳年辐照总量低于 5389MJ/m² 的四类地区仅占国土总面积的 2.48%。澳大利亚中部的广大地区人烟稀少、土地荒漠，适合大规模的太阳能开发利用。最近，澳大利亚也提出了大规模太阳能开发利用的投资计划，以增加可再生能源的利用率。

2. 我国太阳能资源的分布

我国陆地大部分处于北温带，太阳能资源十分丰富，每年陆地接收的太阳辐照总量大约是 1.9×10^{16} kW·h。全国各地太阳年辐照总量基本都在 3000～8500MJ/m² 之间，平均值超过 5000MJ/m²，而且大部分国土面积的年日照时间都超过 2200h。

大体上说，我国约有三分之二以上的地区太阳能资源较好，特别是青藏高原和新疆、甘肃、内蒙古一带，利用太阳能的条件尤其有利。根据 20 世纪末期得到的太阳能分布数据，我国可划分为五个太阳能资源带，前三类地区覆盖了大面积国土，有利用太阳能的良好条件。四、五类地区虽然太阳能资源较差，但有的地方也有太阳能可开发利用。

1）一类地区，为我国太阳能资源最丰富的地区，太阳年辐照总量为 6680～8400MJ/m²。这些地区包括宁夏北部、甘肃北部、新疆东部、青海西部和西藏西部等地，尤其以西藏西部最为丰富，最高可达 9210MJ/m²（日最高辐照量为 6.4kW·h/m²），居世界第二位，仅次于撒哈拉沙漠。

2）二类地区，为我国太阳能资源较丰富的地区，太阳年辐照总量为 5850～6680 MJ/m²，相当于日辐照量 4.5～5.1kW·h/m²。这些地区包括河北西北部、山西北部、内蒙古南部、宁夏南部、甘肃中部、青海东部、西藏东南部和新疆南部等地。

3）三类地区，为我国太阳能资源中等类型的地区，太阳年辐照总量为 5000～5850MJ/m²，相当于日辐照量 3.8～4.5kW·h/m²。这些地区主要包括山东、河南、河北东南部、山西南部、新疆北部、吉林、辽宁、云南、陕西北部、甘肃东南部、广东南部、福建南部、苏北、皖北及台湾西南部等地。

4）四类地区，是我国太阳能资源较差的地区，太阳年辐照总量为 4200～5000MJ/m²，相当于日辐照量 3.2～3.8kW·h/m²。这些地区包括湖南、湖北、广西、江西、浙江、福建北部、广东北部、陕西南部、江苏北部、安徽南部、黑龙江及台湾东北部等地。

5）五类地区，主要包括四川、贵州两省，是我国太阳能资源最少的地区，太阳年辐照总量为 3350～4200MJ/m²，相当于日辐照量只有 2.5～3.1kW·h/m²。

我国太阳能资源丰富，取之不尽，用之不竭，同其他技术（如小水电、风力发电等）相比，尽管目前光伏发电的成本还比较高，但光伏发电的资源普遍、系统结构简单、体积小且轻、运行维护简单、清洁安全、无噪声、可靠性高且寿命长。无论从能源安全的长远战略角度出发，还是从调整和优化能源结构的需求考虑，大力发展光伏发电都是保障我国能源安全的重要战略措施之一。

三、太阳能利用的历史

据记载，人类利用太阳能已有 3000 多年的历史。但是将太阳能作为一种能源和动力加以利用，却只有 300 多年的历史。1615 年法国工程师所罗门·德·考克斯发明了第一台太阳能驱动的发动机，该发明是利用太阳能加热空气使其膨胀做功而抽水的机器。近代太阳能利用的历史由此开始。在 1615～1900 年之间，世界上又研制成多台太阳能动力装置和一些其他太阳能装置。这些动力装置几乎全部采用聚光的方式采集阳光，发动机功率不大，工质主要是水蒸气，价格昂贵，且实用价值不大，大部分为太阳能爱好者个人研究制造。20 世纪至今的 100 多年间，太阳能科技发展历史大体可分为七个阶段。

1. 第一阶段（1900～1920 年）

在这一阶段，世界上太阳能研究的重点仍是太阳能动力装置，但采用的聚光方式呈现出多样化，且开始采用平板集热器和低沸点工质，装置逐渐扩大，最大输出功率已达 73.64kW，实用目的比较明确，但造价仍然很高。建造的典型装置有：1901 年，在美国加利福尼亚州建成一台太阳能抽水装置，采用截头圆锥聚光器，功率为 7.36kW；1902～1908 年，在美国建造了五套双循环太阳能发动机，采用平板集热器和低沸点工质；1913 年，在埃及开罗以南建成一台由 5 个抛物线槽式镜组成的太阳能水泵，每个长 62.5m、宽 4m、总采光面积达 1250m²。

2. 第二阶段（1920～1945 年）

由于矿物燃料的大量开发利用和第二次世界大战的原因，在这 20 多年中，太阳能研究工作处于低潮，参加研究工作的人数和研究项目大为减少，太阳能不能解决当时对能源的急需，因此使太阳能研究工作逐渐受到冷落。

3. 第三阶段（1945～1965 年）

第二次世界大战结束后，一些有远见的人士开始意识到石油和天然气资源正在迅速减少，他们呼吁人们重视这一问题，从而逐渐推动了太阳能研究工作的恢复和开展，并且成立了太阳能学术组织，举办学术交流和展览会，再次兴起了太阳能研究的热潮。在这一阶段，太阳能研究工作取得了一些重大进展，比较突出的有：1945 年，美国贝尔实验室研制成实用型硅太阳能电池，为光伏发电的大规模应用奠定了基础；1955 年，以色列泰伯等在第一次国际太阳热科学会议上提出选择性涂层的基础理论，并研制成实用的黑镍等选择性涂层，为高效集热器的发展创造了条件。

4. 第四阶段（1965～1973 年）

这一阶段，由于太阳能利用技术尚不成熟，并且投资大，效果不理想，难以与常规能源竞争，得不到公众、企业和政府的重视和支持，太阳能的研究工作又停滞不前。

5. 第五阶段（1973～1980 年）

自从石油在世界能源结构中担当主角之后，石油就成了左右经济和决定一个国家生死存亡、发展和衰退的关键因素。1973 年 10 月，中东战争爆发，石油输出国组织采取石油减产、提价等办法，支持中东人民的斗争，维护本国的利益。其结果是使那些依靠从中东地区大量进口廉价石油的国家在经济上遭到沉重打击。于是，西方一些人惊呼：世界发生了"能源危机"（有的称"石油危机"）。这使许多国家，尤其是工业发达国家，重新加强了对太阳能及其他可再生能源技术发展的支持，在世界上再次兴起了开发利用太阳能的热潮。1973 年，美国制订了政府级阳光发电计划，太阳能研究经费大幅度增长，并且成立了太阳能开发银行，促进太阳能产品的商业化。日本在 1974 年公布了政府制订的阳光计划，其中太阳能的研究开发项目有太阳房、工业太阳能系统、太阳热发电、太阳能电池生产系统、分散型和大型光伏发电系统等。为实施这一计划，日本政府投入了大量人力、物力和财力。1975 年，我国在河南安阳召开"全国第一次太阳能利用工作经验交流大会"，进一步推动了我国太阳能事业的发展。这次会议之后，太阳能研究和推广工作纳入了我国政府计划，获得了专项经费和物资支持。

6. 第六阶段（1980～1992 年）

这一时期，由于世界石油价格大幅度回落，太阳能技术没有重大突破，太阳能产品价格居高不下，缺乏竞争力，以致动摇了一些人开发利用太阳能的信心。世界上许多国家相继大幅度削减太阳能研究经费，其中美国最为突出。我国太阳能研究工作也受到一定程度的削弱，有人甚至提出：太阳能利用投资大、效果差、贮能难、占地广，认为太阳能是未来能源，主张外国研究成功后我国引进技术。对我国太阳能事业的发展造成不良影响。

7. 第七阶段（1992 年～至今）

由于大量燃烧矿物能源，造成了全球性环境污染和生态破坏，对人类的生存和发展构成了威胁。在这样的背景下，1992 年联合国在巴西召开"世界环境与发展大会"，会议通过了一系列重要文件，把环境与发展纳入统一的框架，确立了可持续发展的模式。这次会议之后，世界各国加强了清洁能源技术的开发，将利用太阳能与环境保护结合在一起，使太阳能利用的研究工作走出低谷，逐渐得到加强。世界环境与发展大会之后，我国政府对环境与发展十分重视，提出了 10 条对策和措施，明确要"因地制宜地开发和推广太阳能、风能、地热能、潮汐能、生物质能等清洁能源"，制定了《中国 21 世纪议程》，进一步明确了太阳能为重点发展项目。1996 年，联合国在津巴布韦召开"世界太阳能高峰会议"，这次会议进一步表明了联合国和世界各国对开发太阳能的坚定决心，要求全球共同行动，广泛利用太阳能。

2016 年 12 月，国家能源局发布了《太阳能发展"十三五"规划》，指出"十三五"时期将是太阳能产业发展的关键时期，基本任务是产业升级、降低成本、扩大应用，实现不依赖国家补贴的市场化自我持续发展，成为实现 2020 年和 2030 年非化石能源分别占一次能源消费比重 15% 和 20% 目标的重要力量。

太阳能发展道路并不平坦，一般每次高潮期后都会出现低潮期，处于低潮的时间大约有 45 年。太阳能利用的发展历程与煤、石油、核能完全不同，人们对其认识差别大，反复多，发展时间长。这一方面说明太阳能开发难度大，短时间内很难实现大规模利用；另一方面也说明太阳能利用还受矿物能源供应，政治和战争等因素的影响，发展道路比较曲折。尽管如此，从总体来看，20 世纪取得的太阳能科技进步仍比以往任何一个世纪都快。太阳能也是 21 世纪重点开发利用的新能源之一。

第二节　太阳能直接热利用技术

直接把太阳能转换为热能供人类使用（如加热和取暖），称为太阳能的直接热利用，或者称为光热利用。直接热利用是最古老的应用方式，也是目前技术最成熟、成本最低、应用最广泛的太阳能利用模式。

太阳能热利用的基本原理是利用集热装置将太阳辐射能收集起来，再通过与介质的相互作用转换成热能，进行直接或间接的利用。通常可把太阳能直接热利用分为低温利用、中温利用（200～800℃）和高温利用。

一、太阳能集热器

太阳能集热器的定义是：吸收太阳辐射能并将产生的热能传递到传热介质的装置。这短短的定义包含了丰富的含义：第一，太阳能集热器是一种装置；第二，太阳能集热器可以吸收太阳辐射能；第三，太阳能集热器可以产生热能；第四，太阳能集热器可以将热能传递到传热介质。

太阳能集热器虽然不是直接面向消费者的终端产品，但它却是组成各种太阳能热利用系统的关键部件。无论是太阳能热水器、太阳灶、主动式太阳房及太阳能温室，还是太阳能干燥、太阳能工业加热及太阳能热发电等都离不开太阳能集热器，都是以太阳能集热器作为系统的动力或者核心部件的。

在太阳能的热利用中，关键是将太阳的辐射能转换为热能。由于太阳能比较分散，必须设法把它集中起来，所以，集热器是各种太阳能利用装置的关键部分。由于用途不同，集热器及其匹配的系统类型分为许多种，名称也不同，如用于炊事的太阳灶、用于产生热水的太阳能热水器、用于干燥物品的太阳能干燥器、用于熔炼金属的太阳能熔炉，以及太阳房、太阳能热电站和太阳能海水淡化器等。效率比较高的集热器由收集和吸收装置组成。由于阳光是由不同波长的可见光和不可见光组成的，不同物质和不同颜色对不同波长的光的吸收和反射能力是不一样的。黑颜色吸收阳光的能力最强，因此棉衣一般用深色或黑色布料。白色反射阳光的能力最强，因而夏季的衬衫多是淡色或白色的。可见，利用黑颜色可以聚热。此外，让平行的阳光通过聚焦透镜聚集在一点、一条线或一个小的面积上，也可以达到集热的目的。例如，纸在阳光的照射下，不管阳光多么强，哪怕是在炎热的夏天，也不会被阳光点燃。但是，若利用集光器，把阳光聚集在纸上，就能将纸点燃。常见的太阳能集热器有平板型、真空管型和聚焦型太阳能集热器及陶瓷太阳能集热器等。

1. 平板型太阳能集热器

平板型太阳能集热器一般用于太阳能热水器等。平板型太阳能集热器的吸热部分主体是涂有黑色吸收涂层的平板。平板型太阳能集热器主要由吸热板、透明盖板、隔热层和外壳等几部分组成。用平板型太阳能集热器组成的热水器称为平板太阳能热水器。平板型太阳能集热器的外观如图 3-2 所示。

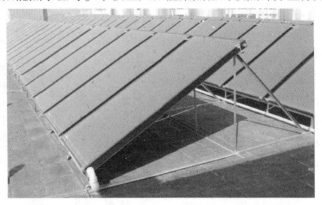

图 3-2 平板型太阳能集热器的外观

当平板型太阳能集热器工作时，太阳辐射能穿过透明盖板后，投射在吸热板上，被吸热板吸收并转化成热能后传递给吸热板内的传热工质，使传热工质的温度升高，作为集热器的有用能量输出。与此同时，温度升高后的吸热板不可避免地要通过传导、对流和辐射等方式向四周散热，成为集热器的热量损失。

平板型太阳能集热器是太阳能集热器中一种最基本的类型，其结构简单、运行可靠、成本适宜，还具有承压能力强、吸热面积大等特点，是太阳能与建筑物结合最佳选择的集热器类型之一。

国外太阳能市场始终以平板型太阳能集热器为主，这是由国外太阳能系统的设计理念决定的。国外系统一般采用间接系统、分体式系统和闭式承压系统，这类系统一般初期投资高，但系统可靠、维护成本低、水质不会污染且系统寿命长。针对这类系统，平板型太阳能集热器体现出其自身的技术优势：①平板型太阳能集热器最适合用于承压系统；②最适于双循环的太阳能热水器；③最有利于实现太阳能热水器与建筑物的结合；④系统寿命长，维护费用低；⑤大多数情况下可以提供更多的生活热水；⑥平板型太阳能集热器用于太阳能采暖系统时能较方便地解决非采暖季节的系统过热问题。因此，在太阳能系统工程、分体式太阳能热水器和对太阳能与建筑物一体化有要求的场所，平板型太阳能集热器比全玻璃真空管太阳能集热器在系统寿命、系统维护等方面具有明显优势。

目前，国内平板型太阳能集热器在玻璃透过率、选择性涂层和整体结构设计方面还不够完善，为了提高太阳能集热器的效率，唯一有效的办法是在保持最大限度采集太阳能的同时尽可能减少其对流和辐射热损。采用优质选择性吸收涂层材料和高透过率盖板材料是满足上述要求的重要途径。随着太阳能热利用技术的发展，我国对选择性吸收材料的研究工作已有 20 多年的历史了。太阳能集热器的发展过程也是涂层技术的发展过程。这期间经历了从非选择性的普通黑漆到选择性的硫化铅、金属氧化物涂料，从黑镍、黑铬到铝阳极化涂层等一代接一代的更新换代过程。随着涂层技术的不断进步，涂层性能也得到了很大的提高。目前，我国平板型太阳能集热器的吸收表面主要采用铝条带上阳极化着色和铜条带上黑铬选择性涂层。

国内平板型太阳能集热器的市场占有率从 20 世纪 80 年代的市场统治地位逐步下滑，这是由众多因素造成的：①直接系统的平板太阳能热水器在冬季不能防冻，须排空，因此冬季不能使用且维护复杂；②全玻璃真空管热水器在大部分地区可全年使用；③由于技术创新，全玻璃真空管成本大幅度降低，生产企业迅速增加，促进了太阳能热水器市场的迅速扩大。

2. 真空管太阳能集热器

平板型太阳能集热器虽然采用了选择性吸收表面，但热损系数还是很大，这就限制了平板型太阳能集热器在较高的工作温度下获取的有用收益，只有在真空条件下才能充分发挥选择性吸收涂层的低发射率及降低热损的作用。真空管太阳能集热器就是将吸热体与透明盖层之间的空间抽成真空的太阳能集热器。真空管太阳能集热器的外观如图3-3所示。

图3-3　真空管太阳能集热器的外观

用真空管集热器部件组成的热水器即为真空管热水器。其核心部件是真空管，按材料来分，有全玻璃真空管和金属真空管两类。比较常见的是黑色镀膜的真空玻璃管。在内玻璃管外表面，利用真空镀膜机沉积选择性吸收膜，再把内管与外管之间抽真空，这样就可大大减少对流、辐射与传导造成的热损，使总热损降到最低。真空管是全玻璃真空管集热器的核心部件，是整个太阳能系统的发动机，其性能优劣决定着整个系统的导热性能和寿命。真空管的构造如图3-4所示。

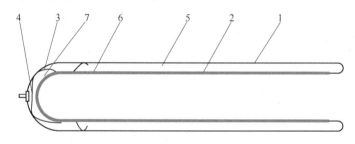

图3-4　真空管的构造

1—罩玻璃管　2—内玻璃管　3—卡子　4—吸气剂
5—真空夹层　6—选择性吸收涂层　7—吸收膜

真空管内可以直接对水进行加热，其吸热效率很高、寿命长、成本低廉、适用范围广，可以在-30℃的环境下正常运行。目前市面上的太阳能集中供水工程80%使用全玻璃真空管集热器。但它对系统的设计、安装施工要求很高，若设计不当或安装不良则会出现爆管现象。

3. 聚焦型太阳能集热器

聚焦型太阳能集热器是利用光学系统的反射器或折射器增加能量，吸收集热器表面上的太阳辐射能。对于一给定的总能量，集热器表面上能流越高，意味着集热面积越小，并对应集热器的热损失越少。利用聚焦型太阳能集热器虽然减少了热损失，但又产生了两种额外的损失：①大多数聚焦型太阳能集热器只能收集直射辐射，散射辐射损失掉了；②额外的光学损失。因此，在具体应用时，聚焦型太阳能集热器必须选择安装在太阳直射辐射资源比较丰富的地区。相对于非聚焦型太阳能集热器，聚焦型太阳能集热器都需要跟踪机构，所以控制复杂，成本较高，但如果大规模应用，则成本将大幅度下降。聚焦型太阳能集热器的形式很多，目前技术比较成熟的聚焦结构设计包括：①点聚集结构，如塔式、碟式点聚焦、复合抛物面反射镜、菲涅尔透镜及定日镜等；②线聚焦结构，如槽形抛物面反射镜和柱状抛物面反射镜。塔式、碟式点聚焦系统如图 3-5 和图 3-6 所示。槽形线聚焦系统如图 3-7 所示。

4. 陶瓷太阳能集热器

陶瓷太阳能集热器主要由陶瓷太阳能板、透明盖板、保温层和外壳等几部分组成。用陶瓷太阳能集热器组成的热水器即为陶瓷太阳能热水器。

图 3-5　塔式点聚焦系统

图 3-6　碟式点聚焦系统

图 3-7　槽形线聚焦系统

当陶瓷太阳能集热器工作时，太阳辐射能穿过透明盖板后，投射在陶瓷太阳能板上，被陶瓷太阳能板吸收并转化成热能，然后传递给太阳能板内的传热工质，使传热工质的温度升高，作为集热器的有用能量输出。陶瓷太阳能板是以普通陶瓷为基体、立体网状钒钛黑瓷为表面层的中空薄壁扁盒式太阳能集热体。其整体为瓷质材料，不透水、不渗水、强度高、刚性好、不易腐蚀、不易老化、不易褪色，无毒、无害、无放射性，且阳光吸收率不会衰减，具有长期较高的光热转换效率。陶瓷太阳能集热器的外观如图 3-8 所示。

图 3-8　陶瓷太阳能集热器的外观

二、太阳能供暖技术

太阳能采暖是指将分散的太阳能集热单体通过集热器（如平板型太阳能集热器、真空管太阳能集热器等）转换成方便使用的热能，以热水储热的形式输送到散热末端（如地板采暖系统、风机盘管系统等），以满足房间采暖的需求，这样的系统称为太阳能供暖系统，简称太阳能供暖。利用太阳能供暖的方式可以分为直接利用和间接利用两种。直接利用又分为主动式太阳能供暖和被动式太阳能供暖；而间接利用是通过热泵将低位热能进行有效的利用。

1. 主动式太阳能供暖

主动式太阳能供暖系统如图 3-9 所示。该系统由太阳能集热器、供暖管道、散热设备、贮热器和辅助热源等组成。

通过太阳能集热器 1 收集太阳辐射能，使其中的热媒被加热，热水沿供热管道 2 送往热用户的散热设备 3，散热设备将热量分散给房间。太阳能集热器相当于常规采暖的热源，当集热器的集热量不足时，则由辅助热源 5 进行补充；当集热器的集热量超过用户的需热量时，则将多余的热量贮存在贮热器 4 中。

主动式太阳能供暖系统中实际上包括了两套热源系统：一套是太阳能集热系统；另一套是辅助热源系统。因此，根据实践及经济评价

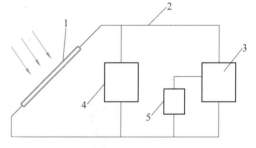

图 3-9　主动式太阳能供暖系统
1—太阳能集热器　2—供热管道　3—散热设备　4—贮热器　5—辅助热源

表明，如果利用庞大的太阳能集热器只进行太阳能供暖，由于采暖期较短（一般为 3 ~ 5 个月），所以每年设备的利用率较低，因而投资的回收年限较长。根据目前我国燃料价格便宜、设备价格昂贵的情况，主动式太阳能供暖尚难以和常规的供暖方式相竞争。但是，若能进行综合利用，采取一定的措施，则会取得良好的效果。

2. 被动式太阳能供暖

被动式太阳能供暖的特点是不需要专门的太阳能集热器、热交换器及水泵（风机）等部件，而是通过建筑物的朝向和周围环境的合理布置、内部空间和外部形体的巧妙处理，以及建筑材料和结构构造的恰当选择，使建筑物在冬季能充分地收集、存储和分配

太阳辐射能，因而可以使建筑物室内维持一定的温度，达到取暖的效果。将这种与建筑物相结合、利用太阳辐射能供暖的建筑称为被动式太阳能采暖房（简称太阳房）。由于它可以较一般节能建筑物获得更多的太阳辐射热，所以，它能够进一步节约建筑物对常规能源的消耗。

被动式太阳能供暖技术的三大要素为集热、蓄热和保温。按太阳能利用的方式进行分类，被动式太阳能供暖可分为直接受益式、集热蓄热墙式、附加阳光间式及组合式等。

（1）直接受益式　直接受益式太阳房是被动式采暖技术中最简单的一种形式，也是最接近普通房屋的形式，其示意图如图 3-10 所示。具有大面积玻璃窗的南向房间都可以看成是直接受益式太阳房。在冬季，太阳光通过大玻璃窗直接照射到室内的地面、墙壁和家具上，大部分太阳辐射能被其吸收并转换成热量，从而使它们的温度升高；少部分太阳辐射能被反射到室内的其他表面，再次进行太阳辐射能的吸收、反射过程。温度升高后的地面、墙壁和家具，一部分热量以对流和辐射的方式加热室内的空气，以达到采暖的目的；另一部分热量则贮存在地板和墙体内，到夜间再逐渐释放出来，使室内继续保持一定的温度。为了减小房间内全天的室温波动，墙体应采用具有较好蓄热性能的重质材料，如石块、混凝土、土坯等。另外，直接受益式太阳房的窗户应具有较好的密封性能，并配备保温窗帘。

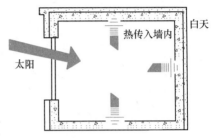
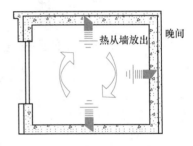

图 3-10　直接受益式太阳房

（2）集热蓄热墙式　集热蓄热墙是由法国科学家特朗勃最先设计出来的，因此也称为特朗勃墙。特朗勃墙是由朝南的重质墙体与相隔一定距离的玻璃盖板组成。在冬季，太阳光透过玻璃盖板被表面涂成黑色的重质墙体吸收并贮存起来，墙体带有上下两个风口，使室内空气通过特朗勃墙被加热，形成热循环流动。玻璃盖板和空气层抑制了墙体所吸收的辐射热向外的散失。重质墙体将吸收的辐射热以导热的方式向室内传递，冬季采暖过程的工作原理如图 3-11a、b 所示。但另一方面，冬季的集热蓄热效果越好，夏季越容易出现过热问题。目前采取的办法是利用集热蓄热墙体进行被动式通风，即在玻璃盖板上侧设置风口，通过图 3-11c、d 所示的空气流动带走室内热量。另外，利用夜间天空冷辐射使集热蓄热墙体蓄冷或在空气间层内设置遮阳卷帘，在一定程度上也能起到降温的作用。

（3）附加阳光间式及组合式　附加阳光间实际上就是在房屋主体南面附加的一个玻璃温室，如图 3-12 所示。从某种意义上说，附加阳光间被动式太阳房是直接受益式（南向的温室）和集热蓄热墙式（后面带集热蓄热墙的房间）的组合形式。该集热蓄热墙将附加阳光间与房屋主体隔开，墙上一般开设有门、窗或通风口，太阳光通过附加阳光间的玻璃后，投射在房屋主体的集热蓄热墙上。由于温室效应的作用，附加阳光间内的温度总是比室外温度高。因此，附加阳光间不仅可以给房屋主体提供更多的热量，而且可以作为一个缓冲区，

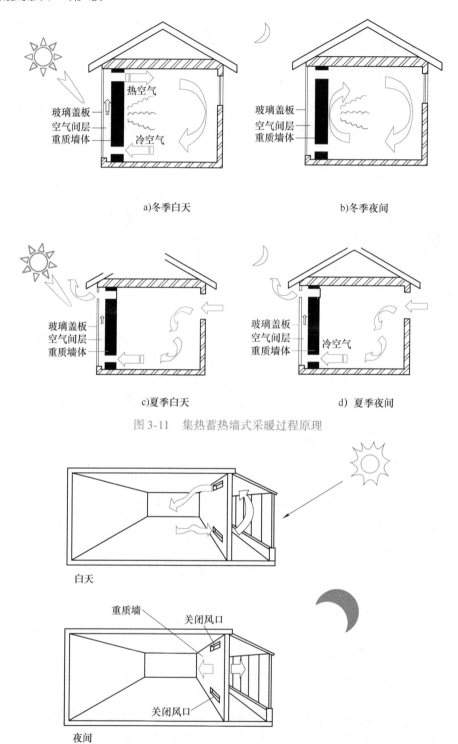

图 3-11 集热蓄热墙式采暖过程原理

图 3-12 附加阳光间式太阳房

减少房屋主体的热损失。冬季的白天，当附加阳光间内的温度高于相邻房屋主体的温度时，通过开门、开窗或打开通风口，将附加阳光间内的热量通过对流的方式传入相邻的房间，其余时间则关闭门、窗或通风口。组合式是由多种被动式采暖技术组合而成，不同形式互为补充，以获得更好的采暖效果。

3. 国内外太阳能供暖技术的发展

太阳能供暖在欧洲发达国家增长迅猛，如奥地利、丹麦、德国和瑞士等国的太阳能供暖系统已经占有很高的市场份额，为整个太阳能热利用的 20%～50%。

太阳能供暖是比较成熟可靠的技术，发达国家正在大力发展。相对欧洲太阳能供暖发达的地区，我国大部分采暖地区太阳能资源更为丰富，更加适合推广太阳能供暖。我国拥有世界上最大的太阳能热利用市场，保守估计约占世界的 40%，在这其中太阳能热水系统几乎占 100%。近年来，我国建筑供暖能耗不断下降，太阳能热利用产品性能日益提高，太阳能供暖逐渐受到人们的重视，在北京等地相继建成了一些太阳能供暖项目，如北京清华阳光太阳能设备有限责任公司的办公楼、北京市太阳能研究所办公楼及北京平谷新农村村民住宅等。这些项目有些采用 U 形管式真空管太阳能集热器，有些采用热管式真空管太阳能集热器，有些则采用平板型太阳能集热器，系统设计各不相同，各有特点，多由太阳能热利用企业自行设计、安装，大多没有建筑设计单位的参与。我国的能源形势日趋严峻，且太阳能资源比欧洲国家要丰富许多，因此我国的太阳能供暖亟需得到进一步发展。

三、太阳能制冷技术

在炎炎夏日里，空调的耗电量几乎占整个电力系统耗电量的 $\frac{1}{3}$，这是夏季电力系统不堪重负的原因之一，因此太阳能空调从一开始就具有很大的诱惑力。太阳能空调是比较常见的利用太阳能实现制冷的方式。太阳能空调制冷的最大优点在于它有很好的季节匹配性，天气越热、越需要制冷的时候，太阳辐射条件越好，太阳能制冷系统的制冷量也越大，即太阳能空调的能量需求和太阳能的供应比较一致。这是太阳能空调应用最有利的客观因素。从这一点来看，太阳能空调应该是最合理的太阳能应用方案之一。太阳能制冷有以下几种方案。

1. 太阳能吸收式制冷

吸收式制冷，是利用太阳能直接制冷的最常用方式。比较成熟的是"溴化锂-水溶液"、"氨-水"吸收制冷，已经在一些示范工程中应用，效果理想。用太阳能集热器收集太阳能来驱动吸收式制冷系统，是目前为止示范应用最多的太阳能空调方式。它是利用太阳能集热器为吸收式制冷机提供其发生器所需要的热媒水。热媒水的温度越高，制冷机的性能系数（Coefficience of Performance，COP）越高，空调系统的制冷效率也越高。例如，单效吸收式制冷机的最佳工作温度是 80～100℃，它的极限 COP 值在 0.7 左右。在冷却水温度为 30℃，制备 9℃冷冻水的情况下，制冷机在热源温度为 80℃时，COP 值即可达到 0.7，在 85℃后即使再增加热源温度，制冷机的 COP 值也不会再有显著的变化了。在相同冷却水和冷冻水温度的条件下，单效吸收式制冷机在热源温度低于 65℃后 COP 值会急剧下降，降到 50℃时，单效吸收式制冷机的 COP 值降为 0，无法产生冷量。

吸收式制冷是液体气化制冷的一种，它和蒸汽压缩式制冷一样，是利用液态制冷剂在低压低温下气化来达到制冷目的的。所不同的是蒸汽压缩式制冷是靠消耗机械功率使热量从低温物体向高温物体转移，而吸收式制冷则靠消耗热能来完成这种非自发过程。按驱动热源的利用方式的不同，吸收式制冷又可分为单效式、双效式、多效式和多级循环系统。吸收式制冷机与压缩式制冷机相比有如下优点：热源温度要求低，可以在比较大的热源温度范围内工作，活动部件少，且环保。太阳能吸收式制冷简图如图3-13所示。

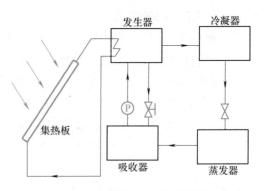

图3-13　太阳能吸收式制冷简图

常规的吸收式空调系统主要包括吸收式制冷机、空调箱（或风机盘管）和锅炉等几部分，而太阳能吸收式空调系统则是在此基础上增加了太阳能集热器、储水箱和自动控制系统。

在夏季，被集热器加热的水首先进入储水箱，当热水温度达到一定值时，由储水箱向制冷机提供热媒水；从制冷机流出并已降温的热水流回储水箱，再由集热器加热成高温热水；制冷机产生的冷媒水通向空调箱，以达到制冷的目的。当太阳能不足以提供高温热媒水时，可由辅助锅炉补充热量。

在冬季，同样先使集热器加热的水进入储水箱，当热水温度达到一定值时，由储水箱直接向空调箱提供热水，以达到供热采暖的目的。当太阳能不能够满足要求时，也可由辅助锅炉补充热量。

在非空调采暖季节，只要将集热器加热的水直接通向生活用储水箱中的热交换器，就可将储水箱中的冷水逐渐加热以供使用。

2. 太阳能吸附式制冷

太阳能吸附式制冷实际上是利用物质的物态变化来达到制冷的目的。即以太阳能为热源，用一定的固体吸附剂对某种制冷剂气体进行吸附。吸附制冷的工作介质是吸附剂-制冷剂工质对，采用的工质对通常为活性炭-甲醇、分子筛-水、硅胶-水及氯化钙-氨等。

吸附式制冷的工质是由固体微孔吸附剂和作为制冷剂的吸附介质组成的，其中，固体微孔吸附剂是不流动的，而吸附介质是流动的。吸附式制冷机的结构如图3-14所示。从图中可以看出，制冷机主要由吸附床（集热器）、冷凝器和蒸发器三部分组成，图中的固体微孔吸附剂采用活性炭，吸附介质采用甲醇。吸附式制冷机的工作主要分为解析过程和吸附制冷过程两个部分。

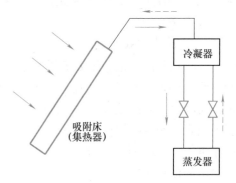

图3-14　吸附式制冷机的结构

（1）解析过程　如图3-15a所示，当吸满甲醇蒸汽的活性炭被加热时，甲醇从活性炭中解析出来，系统中的甲醇蒸汽升高直至甲醇蒸汽在冷凝器中发生凝结。凝结液储存在蒸发器中。在这个过程中，必须不断对活性炭加热。

（2）吸附制冷过程　当活性炭解析完毕后，对活性炭进行冷却，如图3-15b所示，由于活性炭温度降低而重新吸收甲醇蒸汽，系统中甲醇蒸汽的压力将会下降，从而引起蒸发器中的甲醇液体蒸发，使蒸发器产生冷量。在这个过程中，要不断对活性炭进行冷却，因为活性炭在吸附甲醇蒸汽时要放出吸附热。在此制冷过程结束后，吸附式制冷机就完成了一个制冷循环。

由此可见，单个吸附器的吸附式制冷机是间歇式的，而不是连续的。但是，若采用两个吸附器，其中一个处于受热解析过程，另一个处于吸附制冷过程，则吸附式制冷循环就是连续的了。由于单个吸附器的吸附式制冷是间歇性的，而太阳能也是间歇性的，因此，吸附式制冷机特别适宜以太阳能作为能源，两者相结合就是太阳能吸附式制冷机。

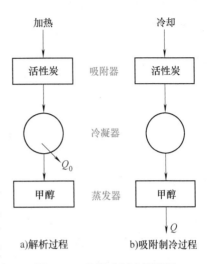

图 3-15 吸附式制冷原理图

3. 太阳能半导体制冷系统

随着太阳能电池产业及半导体工业的快速发展，热电材料的传热性能有了很大提高，并出现了一系列新型热电材料。随着热电材料价格的逐年下降，太阳能半导体制冷系统的制作成本也随之下降，而性能却有明显的提高，这为太阳能半导体制冷系统的推广应用奠定了基础。

1）太阳能半导体制冷系统的工作原理。与光-热转换直接利用不同，太阳能制冷空调是一个光-热/电-冷的转换过程，实际上是太阳能的间接利用，其工艺技术比较复杂，不仅需要光热的转换过程，还需要经过一个制冷循环的转换过程才能实现。半导体制冷是利用热电制冷效应的一种制冷方式，因此又称为热电制冷或温差电制冷。半导体制冷器的基本元件是热电偶对，即由一个 P 型半导体元件和一个 N 型半导体元件连成的热电偶。半导体制冷原理如图 3-16 所示。

当直流电源接通后，上面接头的电流方向是 N-P，温度降低，并且吸热，形成冷端；下面接头的电流方向是 P-N，温度上升，并且放热，形成热端。把若干对热电偶连接起来就构成热电堆，其热端不断散热，并保持一定的温度，把热电堆的冷端放到工作环境中去吸热，产生低温，这就是半导体制冷的工作原理。太阳能半导体制冷系统就是利用半导体的热电制冷效应，由太阳能电池直接供给所需的直流电，达到制冷的目的。

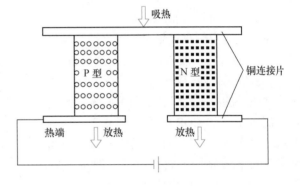

图 3-16 半导体制冷原理图

2）太阳能半导体制冷系统的组成。太阳能半导体制冷系统由太阳能光电转换器、数控匹配器、储能设备和半导体制冷装置四部分组成。太阳能光电转换器输出直流电，一部分直接供给半导体制冷装置，另一部分进入储能设备贮存，供阴天或夜晚使用，以便系统可以全天候正常运行。太阳能半导体制冷系统示意图如图 3-17 所示。

太阳能光电转换器可以选择晶体硅太阳能电池或纳米晶体太阳能电池，可按照制冷装置的容量选择太阳能电池的型号。晴天时，太阳能光电转换器把照射在它表面上的太阳辐射能转换成电能，供整个系统使用。数控匹配器使整个系统的能量传输始终处于最佳匹配状态，同时，对储能设备的过充、过放进行控制。储能设备一般使用蓄电池，它把光电转换器输出的一部分或全部能量贮存起来，以备太阳能光电转换器没有输出的时候使用，从而使太阳能半导体制冷系统达到全天候的运行。

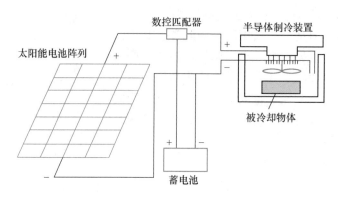

图 3-17　太阳能半导体制冷系统示意图

4. 太阳能除湿蒸发冷却制冷

太阳能除湿蒸发冷却制冷方式分为固体除湿蒸发冷却和液体除湿蒸发冷却两种。由于固体除湿存在系统庞大、再生温度高及系统相对比较复杂等缺点，液体除湿蒸发冷却制冷越来越受到重视。液体除湿蒸发冷却制冷系统利用液体除湿剂对湿空气进行除湿干燥，然后将这部分空气送入直接蒸发冷却器，产生冷水或者温度较低的湿空气。太阳能除湿蒸发冷却制取冷冻水的流程如图 3-18 所示。

常用的除湿剂有氯化锂、氯化钙、溴化锂及它们的混合物，液体再生温度通常在 55 ~ 75℃，制冷系统能较好地利用太阳能作为系统的主要驱动能源。太阳能驱动的液体除湿蒸发冷却制冷系统的 COP 值可达到 0.7，是一种具有节能和环保双重优势的新型制冷方法。相对于吸收式制冷方式，液体除湿蒸发冷却制冷系统有着显著的优势。

5. 太阳能光伏制冷

这种制冷系统实质上是太阳能发电的一种应用，利用光伏转换装置将太阳能转化为电能。例如，太阳能光伏冰箱就是将太阳能光伏电池、无刷直流电动压缩机、冰箱壳体

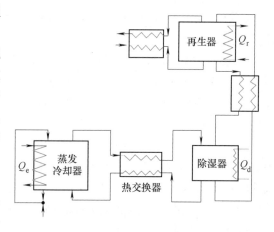

图 3-18　太阳能除湿蒸发
冷却制冷取冷冻水

及制冷系统连接起来所得到的一种制冷装置。它是利用太阳能光伏电池将太阳能转化成直流电，直接推动无刷直流电动压缩机运转，从而实现冰箱的制冷运行。太阳能光伏冰箱原理图如图 3-19所示。

光伏电池驱动的太阳能冰箱/冷柜完全不用电网电力，依靠太阳能就可以实现连续制冷，可靠性高，节能环保，具有很大的环保和社会效益，但其价格是常规相同容积冰箱的 3 ~ 4 倍。随着光伏电池价格的不断下降，太阳能光伏冰箱/冷柜的价格也将大幅度下降，因而会有很大的市场潜力。因空调的功率比冰箱大得多，所以纯太阳能光伏电池驱动的空调价格更为昂贵。太阳能空调器可以采用此种方式：将太阳能电池与家用直流变频装置相结合，白天太阳能电池和外接电源并用供给空调器，晚上只用外接电源。太阳能空调器具有节能、可削

减用电峰值等特点，但太阳能组件的价格是空调器价格的 3 倍多，成本太高，故对于家庭用户很难推广。

上述几种太阳能热能转换驱动的空调制冷方式中，到目前为止，太阳能"溴化锂-水溶液"吸收式空调的示范应用最多，以欧洲为主。另外，由于吸附式制冷方式的驱动热源要求温度低，近年来在我国和欧洲发展很快。

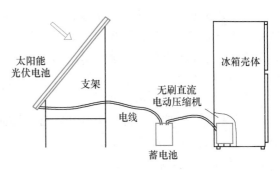

图 3-19　太阳能光伏冰箱原理图

四、太阳能热水系统

太阳能热水系统是利用太阳能集热器收集太阳辐射能，然后把水加热的一种装置，是目前太阳能应用发展中最具经济价值、技术最成熟且已商业化的一项应用产品。太阳能热水系统的结构如图 3-20 所示。

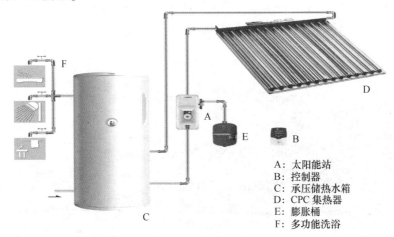

A：太阳能站
B：控制器
C：承压储热水箱
D：CPC 集热器
E：膨胀桶
F：多功能洗浴

图 3-20　太阳能热水系统的结构

1. 太阳能热水系统的主要部件

太阳能热水系统主要由太阳能集热器、保温水箱、连接管路及控制系统等组成。与电热水器、燃气热水器相比，太阳能热水系统无论在实用性、节能性、还是与整体居室搭配上都远胜传统家庭热水系统，但太阳能热水系统更为复杂，它更多是以系统的形式出现。作为现代家庭热水、取暖的新方式之一，太阳能热水系统组成的各部件起了至关重要的作用，并且很多因素都会影响到太阳能热水器的价格和最终使用效果。

太阳能集热器是系统中的集热元件，其功能相当于电热水器中的加热管。和电热水器、燃气热水器不同的是，太阳能集热器利用的是太阳的辐射热量，故而加热时间只能在有太阳照射的白昼，所以有时需要辅助加热，如锅炉、电加热等。

保温水箱和电热水器的保温水箱一样，是储存热水的容器。因为太阳能热水器只能白天工作，而人们一般在晚上才使用热水，所以必须通过保温水箱把集热器在白天产出的热水储存起来。保温水箱的容积是每天晚上使用热水量的总和。采用搪瓷内胆承压保温水箱，保温效果好、耐腐蚀、水质清洁，使用寿命可长达 20 年以上。

连接管路是将热水从集热器输送到保温水箱、将冷水从保温水箱输送到集热器的通道，使整套系统形成一个闭合的环路。设计合理、连接正确的循环管道对太阳能系统是否能达到最佳工作状态至关重要。热水管道必须进行保温处理。管道必须有很高的质量，保证有20年以上的使用寿命。

控制系统是太阳能热水系统与普通太阳能热水器的区别所在。作为一个系统，控制系统负责整个系统的监控、运行及调节等功能，现在的技术已经可以通过互联网远程控制整个系统的正常运行。太阳能热水系统控制中心主要由计算机软件、变电箱及循环泵组成。

2. 太阳能热水系统的分类

（1）按供热水范围分类

1）集中供热水系统。是一种采用集中太阳能集热器和集中贮水箱供给一幢或几幢建筑物所需热水的系统。

2）集中–分散供热水系统。是一种采用集中太阳能集热器和分散贮水箱供给一幢建筑物所需热水的系统。

3）分散供热水系统。是一种采用分散太阳能集热器和分散贮水箱供给各个用户所需热水的小型系统。单户分散式自然循环直接系统如图3-21所示。

图3-21　单户分散式自然循环直接系统

分散供热水系统的优点是：各住户的太阳能热水系统相互独立，互不影响；不存在收费管理问题；太阳能造价低廉。分散供热水系统也有一定的缺陷：受供水压力影响，低层住户无法安装太阳能热水系统；因独立系统多，上楼维修频率高；太阳能热水系统不易与建筑物协调；各用户的太阳能热水系统不能实现热水资源共享。分散供热水系统因低层用户不能安装，因此适合多层住宅，不适合高层住宅。

（2）按系统运行方式分类

1）自然循环系统，即仅利用传热工质内部的密度变化来实现集热器与贮水箱之间或集热器与换热器之间进行循环的太阳能热水系统。

2）强制循环系统，即利用泵迫使传热工质通过集热器（或换热器）进行循环的太阳能热水系统。

3）直流式系统，即传热工质一次通过集热器加热后，进入贮水箱或用热水处的非循环太阳能热水系统。

（3）按生活热水与集热器内传热工质的关系分类

1）直接系统，即在太阳能集热器中直接将水加热后供给用户的太阳能热水系统。

2）间接系统，即在太阳能集热器中加热某种传热工质，再由该传热工质通过换热器将水加热后供给用户的太阳能热水系统。阳台分体式自然循环间接系统如图3-22所示。

图3-22 阳台分体式自然循环间接系统

五、其他太阳能的热利用技术

1. 太阳能海水淡化

淡水是人类社会赖以生存和发展的基本物质之一，人体的60%是液体，其中主要是水，可见，水对人体的健康至关重要，一旦失去体内水分的10%，人体的生理功能即严重混乱，失去水分的20%，人体很快就会死亡。水对社会经济而言也是不可或缺的，农作物无水会枯死，工业生产无水会面临瘫痪，因此，水是一切文明之源。地球的表面积约为5.1亿km^2，其中海洋面积占据70.8%，海洋的平均深度约为3800m，所以地球上的总水量约有14亿km^3。若从地球上人均占有水量来看，水资源是十分丰富的，然而，由于含盐度太高而不能直接饮用或灌溉的海水占据了地球上总水量的97%以上，仅剩不到3%的淡水，其分布也极其不均。存在于河流、湖泊和可供人类直接利用的地下淡水已不足0.36%。

太阳能是取之不尽、用之不竭的可再生能源，清洁无毒且无环境污染，而缺水干旱的地区往往都是太阳能资源丰富的地区，在太阳能辐射强烈的季节，也正好是需求淡水最多的季节。因此，利用太阳能将海水淡化不失为一项利国利民并有利于环境的工程。太阳能海水淡化系统如图3-23所示。

图 3-23 太阳能海水淡化系统

在淡水资源日益匮乏的今天，利用太阳能进行海水或苦咸水淡化已越来越受到重视。太阳能淡化海水的优势在于：不消耗常规能源，不产生二次污染，运行费用低，以及所得淡水纯度高等。近年来，由于太阳能集热器技术的发展，太阳能集热器与常规海水淡化装置的联合运行是研究的热点。美、法、日及以色列等国的技术已经非常发达，而且已形成相应的海水淡化产业。从地理环境上看，我国非常适合发展太阳能海水淡化技术，因为我国海岸线总长度为 3.2 万 km，其中大陆海岸线为 1.8 万 km，岛屿海岸线为 1.4 万 km。但是，我国海水淡化技术水平与国外相比仍有较大差距，相关的研究虽然起步较早，但水平较低、技术创新能力较差，海水淡化所需的反渗透膜仍依赖进口，蒸馏法海水淡化技术仍处于工程示范阶段，海水淡化装置的总体设计水平和系统集成优化的水平也比较低。目前世界上有数以千计的海水淡化工程，每天大约可使 2750 万 m^3 的海水或苦咸水变成淡水，但这仅占世界淡水需求量的 3%。

2. 太阳能海水淡化存在的问题

太阳能可以替代传统的化石能源，用于预热海水和生产蒸汽，但太阳能是一种稀薄、低密度的能源，要想利用太阳能进行海水淡化，一个必须解决的关键难题是海水的进口温度、流量等技术问题。此外，常见的太阳能海水淡化系统以蒸馏法为主，也采用自然对流，存在热效率不高、水蒸气未能被充分利用、存在能量损失等问题。

种种技术难题，造成目前传统的太阳能海水淡化装置的产水效率不高，可见，利用太阳能作为海水淡化的能源还不具有竞争力。此外，由于太阳能集热器的成本投资高，相应提高了单位水量的成本投入，造成太阳能海水淡化系统一方面产水率较低，另一方面成本投资较大，这已成为制约太阳能海水淡化大规模产业化发展的缺陷。因此，提高设备采集太阳能热值的能力，加速海水的蒸发效率，成为太阳能海水淡化必须攻克的技术瓶颈。

3. 太阳能海水淡化的未来发展方向

太阳能海水淡化技术在近期内将仍以蒸馏法为主。利用太阳能发电进行海水淡化，虽然在技术上没有太大的障碍，但在经济上仍不能跟传统海水淡化技术相抗衡。比较实际的方法是，在电力缺乏的地区，利用太阳能发电提供一部分电力，为改善太阳能蒸馏系统性能服务。

由于中温太阳能集热器的应用日益普及（如真空管型、槽形抛物面型集热器以及中温大型太阳电池等），使得建立在较高温度段（75℃）运行的太阳能蒸馏器成为可能，也使以太阳能作为能源与常规海水淡化系统相结合变成现实，而且正在成为太阳能海水淡化研究中一个很活跃的课题。由于太阳能集热器供热温度的提高，太阳能几乎可以与所有传统的海水淡化系统相结合。例如，科威特已建成了利用 220m 槽形抛物面太阳能集热器及一个 7000L 贮热罐的太阳能海水淡化装置，每天可产近 10t 淡水。

太阳能海水淡化装置的根本出路应是与常规的现代海水淡化技术紧密结合起来，取之先进的制造工艺和强化传热传质新技术，使之与太阳能的具体特点结合起来，实现优势互补，才能极大地提高太阳能海水淡化装置的经济性，从而被广大用户所接受，进一步推动我国太阳能海水淡化技术向前发展。

第三节　太阳能发电技术

一、太阳能热发电

太阳能热发电技术就是利用光学系统聚集太阳辐射能，用以加热工质，生产高温蒸汽，驱动汽轮机组发电，也称为光热发电技术。即利用大规模的阵列（抛物形或碟形）镜面收集太阳热能，通过换热装置提供蒸汽，结合传统汽轮发电机的工艺，从而达到发电的目的。采用太阳能热发电技术，避免了昂贵的硅晶体光电转换工艺，可以大大降低太阳能发电的成本。而且，这种形式的太阳能利用还有一个其他形式太阳能转换所无法比拟的优势，即太阳能所烧热的水可以贮存在巨大的容器中，在太阳落山后几个小时仍然能够带动汽轮发电。与光伏发电相比，具有效率高、结构紧凑及运行成本低等优点。

根据聚光方式的不同，太阳能热发电技术可分为三种方式：槽式太阳能热发电技术、碟式太阳能热发电技术和塔式太阳能热发电技术。三种聚光集热方式的不同在数量上的直接体现就是聚光比的不同。聚光比即吸收体的平均能流密度与入射能流密度之比。这三种方式都可以大致地分为太阳能集热系统、热传输和交换系统及发电系统三个基本系统。但是，因为它们各自的聚光比不同，因而导致能够达到的集热温度也不同，所以三种聚光方式对应的三个组成系统也有不同程度的差异。

1. 槽式太阳能热发电系统

槽式太阳能热发电系统是利用槽形抛物面反射镜将太阳光聚焦到集热器上，对传热工质进行加热，经换热装置产生蒸汽，推动汽轮机带动发电机发电的能源动力系统。其特点是聚光集热器由许多分散布置的槽形抛物面聚光集热器串、并联组成。槽式太阳能热发电系统分为两种形式：传热工质在各个分散的聚光集热器中被加热形成蒸汽汇聚到汽轮机，称之为单回路系统；传热工质在各个分散的聚光集热器中被加热汇聚到热交换器，经换热器再把热量传递给汽轮机回路，称之为双回路系统。槽式聚光是利用抛物线的光学原理聚集太阳辐射能。抛物线纵向延伸形成的平面称为抛物面，它能将平行于自身轴线的太阳辐射能汇聚到一条线（带）上，从而提高能量密度，易于利用。在这条太阳辐射能汇集带上布置有集热管，用来吸收太阳能，并将其转化为热能。目前的集热管一般为真空式玻璃集热管。集热管由外部的玻璃管和内部的吸热管构成，将两管之间的空隙抽真空，阻止热量损失。吸热管由不锈钢制成，内部有工质流动，在不锈钢管的表面涂有黑色的吸热薄膜，薄膜对太阳光有较高的吸收率，同时，在红外波谱段有较低的发射率，这样就能够有效地吸收太阳能。这种聚光系统还需要设置控制系统来适应太阳光在一天中角度的变化。槽式聚光吸热系统将太阳能转化为集热管内导热流体的热能，然后用高温工质去加热，使水产生蒸汽，从而冲转汽轮机发电。槽式太阳能聚光系统的聚光比为 20 ~ 80，以油为导热流体的聚热温度最高为 300 ~ 400℃，以混合硝酸盐为导热流体的聚热温度可达到 550℃，后者对于提高发电效率而言更具有优势，但是总的发电效率还是较低。另外，为了克服太阳能在时间上分布不均的特点，还要设置蓄热系统，或者用其他燃料作为补充调整。

从 20 世纪 80 年代开始，世界上很多国家都开展了槽式太阳能热发电系统的研究和建设。表 3-1 列出了国际上已投产的著名槽式太阳能发电站。

和发达国家相比较，我国这方面的技术还相对落后，直到 2010 年初，槽式太阳能热发电系统成套设备的核心技术研发成功，实现了曲面聚光镜从技术到生产的完全国产化。2010 年 8 月 10 日，我国首个太阳能槽式发电项目生产基地奠基仪式在沅陵县城郊举行。该项目突破了聚光镜片、跟踪驱动装置和线聚焦集热管三项核心技术，我国是继美国、德国、以色列之后全部技术国产化的国家。2011 年，亚洲首个槽式太阳能-燃气联合循环发电站在宁夏回族自治区破土动工，为我国太阳能热发电产业的发展提供了新的模式。

表 3-1　国际上已投产的著名槽式太阳能发电站

地点	年份	装机容量/MW	热力循环
西班牙阿尔梅里亚	1981	0.5	蒸汽循环
日本香川县	1981	1	蒸汽循环
美国加利福尼亚州	1985 ~ 1991	354	蒸汽循环
西班牙	1996 ~ 1999	2	直接产生蒸汽发电
希腊克里达	1997	50	蒸汽循环
以色列	2001	100	蒸汽循环
美国内华达州	2006	64	蒸汽循环

2. 碟式太阳能热发电系统

碟式太阳能热发电系统采用碟式聚光的形式。碟式聚光系统的太阳辐射能反射面布置成碟（盘）形，聚光比可以达到 3000 以上，故能在焦点处产生很高的温度，比其他两种热发电方式的聚光温度都要高，其运行温度能够达到 750 ~ 1500℃，因此它可以达到很高的热机效率。

碟式太阳能热发电系统包括聚光器、接收器、热机、支架及跟踪控制系统等主要部件。系统工作时，从聚光器反射的太阳光聚焦在接收器上，太阳能被热机转化为其内部工质的内能，使工质温度升高，从而推动热机运转，并带动发电机发电。碟式太阳能热发电系统如图 3-24 所示。

不同于槽式太阳能热发电系统，碟式太阳能热发电系统的热电转化装置主要采用斯特林发动机作为原动机。它是一种活塞式外燃机，是独特的热机。斯特林发动机在理论上的效率几乎等于理论最大效率，称为卡诺循环效率。它在气缸内有一个配气活塞和一个动力活塞。气缸侧壁连接配气活塞上下室的旁路，循环工质通过旁路交替运动到配气活塞的上室和下室。上室和热源交换器耦合，将加热器的热量传递给工质，工质受热膨胀推动动力活塞做功，输出功率。下室通过中间介质回路把余热

图 3-24　碟式太阳能热发电系统

传递给回热器，工质通过旁路往复流动完成循环。斯特林发动机最高的热电转换效率可达 40%。

因太阳能的辐射随天气变化很大，所以热电转换装置发出的电力不是很稳定，故不能直接提供给用户，需要经过一系列处理之后才能输出 220V 的工频交流电。和槽式太阳能热发电系统一样，碟式太阳能热发电系统也需要有储能装置、蓄电池和补充能源。但是，与槽式太阳能热发电方式相比，碟式太阳能热发电方式还没有投入到大规模商业应用中，暂时处于示范实施阶段。目前，国外已有多座碟式太阳能热发电站或示范系统建成并成功运行。美国、西班牙、德国等国家都建立了碟式太阳能热发电系统并且成功运行。2012 年 10 月，瑞典能源技术公司与中国华原集团在蒙古鄂尔多斯成功完成首座碟式太阳能商业示范发电站的建设，该发电站装机容量为 100kW，由 10 套碟式太阳能发电机、管理系统、监控系统以及配电系统所组成。

总的来说，碟式太阳能热发电方式还处在初期阶段，但是因为其效率较高，所以很多国家都比较重视，并积极开展相应的研究活动。

3. 塔式太阳能热发电系统

塔式太阳能热发电系统由定日镜群、接收器、蓄热槽、主控系统和发电系统五个部分组成。塔式太阳能热发电系统如图 3-25 所示。在地面上布置大量的定日镜（一种自动跟踪太阳的球面镜群），在这一群定日镜中的适当位置建立一座高塔，高塔顶上安装接收器。各定日镜均可使太阳光聚集成点状，集中射到锅炉上，使接收器的传热工质达到高温，并通过管道传到地面上的蒸汽发生器，从而产生高温蒸汽，由高温蒸汽驱动汽轮发电机组发电。接收器是塔式太阳能热发电系统的重要组成部分，根据所采用导热工质的不同，接收器可以分为外部受光型和空腔型两种。

1）外部受光型接收器的一些技术类似于太阳能集热管，但是它的工作温度非常高，体积也很庞大。这种接收器可四周受光，多用在大型太阳能系统中，其缺点是热管直接暴露会产生热量散失。此外，因为接收器体积太大，像普通集热器那样加上玻璃外套很困难。

2）空腔型接收器即腔体式接收器。它是用耐高温材料制成空腔，空腔一面开口，装有透光好、耐高温的石英玻璃，腔内壁装有金属网以增大吸热与交换面积。封闭的内腔似绝对黑体，吸热性能很好，汇聚的阳光透过石英玻璃窗口能在腔内产生很高的温度，传热工质

（一般用高压空气）通过腔内被加热成 1000 多度的高温气体输出。由于腔体有保温层，故热损失小，空气价格又便宜，但空气热容量小、导热系数低，因而如何高效传热成为主要的技术问题。空腔型接收器大多只有一面开窗，故接受阳光的角度受到一定的限制，一般不超过 120°。

2010 年 10 月在美国加利福尼亚州东南部的莫哈韦（Mojave）沙漠开始建造了当时世界上最大的塔式太阳能发电站项目，它占地 3600hm² （14.6km²），2014 年 2 月投产。该发

图 3-25 塔式太阳能热发电系统

电厂用 35 万个电脑控制的反射镜将阳光反射到安装在 139m 高的塔顶的锅炉上，每年能够产出 392 万 MW 的电力，能够供 14 万美国家庭使用。

我国在太阳能塔式发电项目上也有所发展。2012 年，亚洲第一座塔式太阳能热发电站——北京延庆八达岭太阳能热发电站经过 6 年的艰苦努力，终于迎来了历史性的一刻，首次太阳能热发电实验在系统贯通后获得成功。使我国太阳能热发电技术步入世界先进行列。这是我国太阳能热发电领域的重大自主创新成果，使我国成为继美国、德国、西班牙之后世界上第四个实现大型太阳能热发电的国家，也使我国成为亚洲首个拥有兆瓦级塔式太阳能热发电站的国家。

4. 三种光热发电方式的比较

槽式发电系统技术上最为成熟，代价较低，已达到商业化应用，且其跟踪机构比较简单，易于实现，总体成本最低。随着太阳能热发电技术的发展，槽式发电系统的建造费用已由 5976 美元/kW 降低到 3011 美元/kW，发电成本已由 26.3 美分/kW·h 降低到 12 美分/kW·h。在 2020 年，其发电成本有望达到约 4 美分/kW·h，基本相当于火力发电成本。

碟式发电系统相对复杂，集热器分散布置，控制代价相对较低，但接收器结构复杂，投资较高，目前要实现大规模的商业化应用还比较困难。

塔式发电系统由于技术改进，可能会大幅降低成本，并且能够实现大规模的应用，所以发展潜力非常巨大。

5. 太阳能热发电技术发展历程

1878 年，法国巴黎建立了一个小型点聚集太阳能热动力系统，该系统用盘式抛物面反射镜将阳光聚焦到置于其焦点处的蒸汽锅炉，由此产生的蒸汽驱动一个很小的互交式蒸汽机运行。

1901 年，美国工程师采用 70m² 的太阳聚光集热器，研制成功了 7350W 的太阳能蒸汽机。

1950 年，原苏联设计了世界上第一座塔式太阳能热发电站的小型实验装置，对太阳能热发电技术进行了广泛的、基础性的探索和研究。

1952 年，法国国家研究中心在比利牛斯山东部建成一座功率为 1MW 的太阳炉。

1973 年，世界性石油危机的爆发刺激了人们对太阳能技术的研究与开发。相对于太阳

能电池的价格昂贵、效率较低，太阳能热发电的效率较高、技术比较成熟。许多工业发达国家，都将太阳能热发电技术作为国家能源研究开发的重点。

从 1981～1991 年的 10 年间，全世界建造了装机容量为 500kW 以上的各种不同形式的兆瓦级太阳能热发电试验电站 20 余座，其中主要形式是塔式电站，最大发电功率为 80MW。由于单位容量投资过大，且降低造价十分困难，因此太阳能热发电站的建设逐渐冷落下来。

进入 21 世纪，面对逐渐枯竭的能源引发的危机，世界各国都在积极开发如太阳能、风能、海洋能等可再生新能源。太阳能热利用技术在研究开发、商业化生产、市场开拓等方面都获得了长足发展，成为世界快速、稳定发展的新兴产业之一。

6. 太阳能热发电技术的发展现状及主要问题

1）槽式太阳能热发电系统的发展现状。

槽式太阳能热发电技术是通过槽式抛物面聚光镜面将太阳光汇聚在焦线上，在焦线上安装有管状集热器，以吸收聚焦后的太阳辐射能。管内的流体被加热后，流经换热器加热水产生蒸汽，借助于蒸汽动力循环来发电。槽式太阳能热发电系统主要包括集热系统、储热系统、换热系统及发电系统。其中，换热系统及发电系统技术较成熟，在我国槽式太阳能热电系统技术的发展中不存在任何障碍，而影响我国槽式太阳能热发电技术发展的主要是集热系统及储热系统。集热系统主要由集热管、集热镜面、支撑结构及控制系统组成；储热系统主要由储热罐及储热介质组成。

世界范围来看，从美国到欧洲各国，都将太阳能热发电作为未来替代能源的关键候选之一。根据美国加利福尼亚州的计划，到 2030 年，新能源发电容量中太阳能热发电与光伏发电的比例将达到 4∶1，而在太阳能热发电技术中槽式技术又占相当高的份额。

槽式太阳能热发电推广应用需要良好的光照资源、开阔的土地资源、良好的交通与电网条件。在我国，几乎没有任何商业投资价值的内蒙古、甘肃等沙漠地带的土地，却为太阳能热发电的推行提供了很好的发展空间，这些地区具有良好的太阳能辐射资源以及土地、电网交通条件。所以，太阳能热发电在我国是具有发展前景的一种有效利用太阳能方式。尽管太阳能热发电在我国起步较晚，但可以预见，太阳能热发电的发展指日可待。

槽式太阳能热发电技术在我国设计、生产土地的廉价性将直接降低这个产业的生产成本。从理论上讲，采用槽式太阳能热发电技术，可以避免光伏发电中昂贵的硅晶光电转换工艺，大大降低太阳能发电的成本。太阳能热发电的原材料包括玻璃、钢铁、导热介质和储热材料，这些在我国都具备，所需工作是对这些材料进行改性，比如减少玻璃中的铁含量、增加玻璃的透光率、选择储热成本低于电价的储热材料等。

2）塔式太阳能热发电系统的发展现状。

尽管塔式太阳能热发电技术起步较早，人们也一直希望通过尽可能多的定日镜将太阳能量集聚到几十兆瓦的水平。但塔式太阳能光热发电系统的造价较高，在塔式系统中各定日镜相对于中心塔有着不同的朝向和距离，因此每个定日镜的跟踪都要进行单独的二维控制，且各定日镜的控制各不相同，极大地增加了控制系统的复杂性和光学调整的难度。同时光学设计的复杂性和系统机械装置笨重等因素，也使系统建设费用大大提高。

目前，塔式太阳能热发电系统的主要障碍是，当定日镜场的集热功率增大时，即单塔的太阳能热发电系统大型化后，定日镜场的集热效率随之降低。Solar One 是较为成功的塔式太阳能热发电系统，电厂发电量为 10MW，定日镜场的年均集热效率为 58.1%。

3）碟式太阳能热发电系统的发展现状。

碟式太阳能热发电系统中使用的盘形抛物面镜是一种点聚焦集热器，其聚光比可以高达数百到数千，因而可以产生非常高的温度。这种系统可以独立运行，作为无电边远地区的小型电源，一般其功率为 10~25kW，聚光镜直径为 10~15m。碟式太阳能热发电系统也可以做成较大的系统，即可以将多台装置并联起来，组成小型太阳能热发电电站，为用户提供电力需求。目前，碟式太阳能热发电系统规模较小，高效的发电技术还不成熟，在三种太阳能热发电技术的开发中风险最大且投资成本最高。

三种类型的太阳能热发电系统商业化前景都十分看好。这三种类型的系统既可以单纯应用太阳能运行，也可以安装成为与常规燃料联合运行的混合发电系统。

太阳能热发电在商业上没有得到大规模应用，根本原因是目前太阳能热发电系统的发电成本高。造成太阳能热发电成本高的主要原因有以下三个方面：第一，太阳能能流密度低，需要大面积的光学反射装置和昂贵的接收装置将太阳能直接转换为热能，这一过程的投资成本占整个电站投资的一半左右。第二，太阳能热发电系统的发电效率低，年太阳能净发电效率不超过15%。在相同的装机容量下，较低的发电效率需要更多的聚光集热装置，增加了投资成本。第三，由于太阳能供应不连续、不稳定，需要在系统中增加蓄热装置，大容量的电站需要庞大的蓄热装置和管路系统，造成整个电站系统结构复杂，增加了成本。因此，建立高效率、大容量、高聚光比的太阳能光热发电系统是降低发电成本的主要研究方向。为推动太阳能光热发电技术的商业化必须考虑太阳辐照的不连续性。可采取与化石燃料互补的联合发电途径。

7. 太阳能热发电技术展望

利用太阳能发电是解决当前能源、资源和环境等问题的有效途径和方法。太阳能热电开发所占土地面积并不比某些常规能源大，并且可在太阳能资源丰富的荒漠地区建设，这是常规能源所不能达到的，太阳能热力发电与火力发电相比不会消耗资源；也不会产生废气废渣而污染空气、土壤和水；也不会像核电产生核泄漏，对较大范围造成严重而深远的放射性环境影响。

太阳能热发电应向低成本、高效率的系统方向发展，不断提高系统中关键部件的性能，将太阳能与常规的能源系统进行合理互补，实现系统的有机集成，实现太阳能向电能的高效转化，进而加快太阳能热发电的商业化发展。

二、太阳能光伏发电

太阳能光伏发电是直接将太阳能转换为电能的一种发电形式。在光照条件下，太阳能电池组件会产生一定的电动势，通过太阳能电池组件的串、并联可形成太阳能电池方阵，太阳能电池方阵电压可达到系统输入电压的要求。通过充放电控制器对蓄电池进行充电，可将光能转换成的电能贮存起来，以便夜晚和阴雨天使用；或者通过逆变器将直流电转换成交流电后与电网相连，向电网供电。

1. 太阳能光伏电源系统的原理及组成

太阳能电池发电系统是利用以光生伏打效应原理制成的太阳能电池将太阳辐射能直接转换成电能的发电系统。它由太阳能电池方阵、充放电控制器、蓄电池组、直流/交流逆变器和测量设备等部分组成。太阳能电池发电系统示意图如图 3-26 所示。

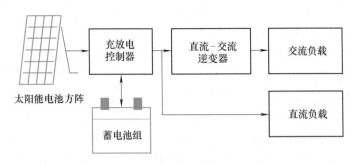

图 3-26　太阳能电池发电系统示意图

（1）太阳能电池方阵　太阳能电池单体是光电转换的最小单元，尺寸一般为 4 ~ 100cm² 不等。太阳能电池单体的工作电压约为 0.5V，工作电流为 20 ~ 25mA，一般不能单独作为电源使用。将太阳能电池单体进行串、并联封装后，就成为太阳能电池组件，其功率一般为几瓦至几十瓦，是可以单独作为电源使用的最小单元。太阳能电池组件再经过串、并联组合安装在支架上，就构成了太阳能电池方阵，太阳能电池方阵可以满足负载所要求的输出功率。太阳能电池单体、组件和方阵如图 3-27 所示。

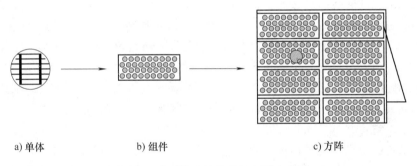

a) 单体　　　　　　　　b) 组件　　　　　　　　　c) 方阵

图 3-27　太阳能电池单体、组件和方阵

1）硅太阳能电池单体。常用的太阳能电池主要是硅太阳能电池。晶体硅太阳能电池由一个晶体硅片组成，在晶体硅片的上表面紧密排列着金属栅线，下表面是金属层。硅片本身是 P 型硅，表面扩散层是 N 区，在这两个区的连接处就是所谓的 PN 结。PN 结形成了一个电场。太阳能电池的顶部被一层抗反射膜所覆盖，以减少太阳能的反射损失。

2）太阳能电池的工作原理。光是由光子组成的，而光子是包含有一定能量的微粒，能量的大小由光的波长决定。光被晶体硅吸收后，在 PN 结中产生一对对正负电荷，由于在 PN 结区域的正负电荷被分离，因而可以产生一个外电流场，电流从晶体硅片电池的底端经过负载流至电池的顶端。这就是光生伏打效应，简称光伏效应。

太阳能电池将光能转换成电能的工作原理可概括为如下三个主要过程：①太阳能电池吸收一定数量的光子后，半导体内产生电子 – 空穴对，称之为光生载流子，电子与空穴的极电性相反，电子带负电，空穴带正电；②极性相反的光生载流子的电子和空穴被半导体 PN 结所产生的静电场分离开；③光生载流子的电子和空穴分别被太阳能电池的正、负极所收集，并在外电路中产生电流，从而获得电能。

3）硅太阳能电池的种类。目前世界上有三种已经商品化的硅太阳能电池：单晶硅太阳能电池、多晶硅太阳能电池和非晶硅太阳能电池。对于单晶硅太阳能电池，由于所使用的单晶硅材料与半导体工业所使用的材料具有相同的品质，使单晶硅的使用成本比较高。多晶硅太阳能电池晶体方向的无规则性，意味着正负电荷对并不能全部被 PN 结电场所分离，因为若电荷对在晶体与晶体之间的边界上，则可能由于晶体的不规则而损失，所以多晶硅太阳能电池的效率一般要比单晶硅太阳能电池低。多晶硅太阳能电池用铸造的方法生产，所以它的成本比单晶硅太阳能电池低。非晶硅太阳能电池属于薄膜电池，造价低廉，但光电转换效率比较低，稳定性也不如晶体硅太阳能电池，目前多用于弱光性电源，如手表、计算器等。一般产品化单晶硅太阳能电池的光电转换效率为 18% 左右，产品化多晶硅太阳能电池的光电转换效率为 16% 左右，产品化非晶硅太阳能电池的光电转换效率为 6% ~ 8%。

4）太阳能电池组件。一个太阳能电池只能产生大约 0.5V 的电压，远低于实际应用所需要的电压。为了满足实际应用的需要，需把太阳能电池连接成组件。通过导线连接的太阳能电池被密封成物理单元的形式，称为太阳能电池组件，太阳能电池组件包含一定数量的太阳能电池。在一个太阳能电池组件上，太阳能电池的标准数量是 36 片（10cm × 10cm），这意味着一个太阳能电池组件大约能产生 17V 的电压，正好能为一个额定电压为 12V 的蓄电池进行有效充电。

太阳能电池组件的前面是玻璃板，背面是一层合金薄片。合金薄片的主要功能是防潮、防污。太阳能电池被镶嵌在一层聚合物中。在太阳能电池组件中，电池与接线盒之间可直接用导线连接。太阳能电池组件具有一定的防腐、防风、防雹及防雨等的能力，广泛应用于各个领域和系统。当应用领域需要较高的电压和电流，而单个组件不能满足要求时，可把多个太阳能电池组件组成太阳能电池方阵，以获得所需要的电压和电流。太阳能电池的可靠性在很大程度上取决于其防腐、防风、防雹及防雨等的能力，其潜在的质量问题是边沿的密封及组件背面的接线盒。

（2）充放电控制器　充放电控制器是能自动防止蓄电池组过充电和过放电并具有简单测量功能的电子设备。由于蓄电池组被过充电或过放电后将严重影响其性能和寿命，因而充放电控制器在光伏系统中一般是必不可少的。按照开关器件在电路中位置的不同，充放电控制器可分为串联控制型和分流控制型；按照控制方式的不同，可分为普通开关控制型（含单路和多路开关控制）和 PWM 脉宽调制控制型（含最大功率跟踪控制器）开关器件，可以是继电器，也可以是 MOSFET 模块。但 PWM 脉宽调制控制器只能用 MOSFET 模块作为开关器件。

（3）直流-交流逆变器　众所周知，整流器的功能是将交流电转换成为直流电。而逆变器与整流器恰好相反，它的功能是将直流电转换为交流电。这种对应于整流的逆向过程，被称为逆变。由于太阳能电池和蓄电池发出的是直流电，当负载是交流负载时，逆变器是不可缺少的。例如，荧光灯、电视机、电冰箱及电风扇等均不能直接用直流电源供电，绝大多数动力机械也是如此。逆变器按运行方式的不同，可分为独立运行逆变器和并网逆变器。独立运行逆变器用于独立运行的太阳能电池发电系统，为独立负载供电。并网逆变器用于并网运行的太阳能电池发电系统，将发出的电能馈入电网。逆变器按输出波形的不同，又可分为方波逆变器和正弦波逆变器。方波逆变器的电路简单、造价低，但谐波分量大，一般用于几百瓦以下和对谐波要求不高的系统。正弦波逆变器的成本高，但可以适用于各种负载。从长远发展来看，SPWM 脉宽调制正弦波逆变器将成为发展的主流。

（4）蓄电池组　蓄电池组的作用是贮存太阳能电池方阵受光照时所发出的电能，并可随时向负载供电。太阳能电池发电系统对所用蓄电池组的基本要求是：①自放电率低；②使用寿命长；③深放电能力强；④充电效率高；⑤少维护或免维护；⑥工作温度范围宽；⑦价格低廉。

目前，我国与太阳能电池发电系统配套使用的蓄电池主要是铅酸蓄电池和镉镍蓄电池。配套 200A·h 以上的铅酸蓄电池，一般选用固定式或工业密封免维护铅酸蓄电池；配套 200A·h 以下的铅酸蓄电池，一般选用小型密封免维护铅酸蓄电池。

（5）测量设备　对于小型太阳能电池发电系统，只要求进行简单的测量，如蓄电池电压和充放电电流，测量所用的电压和电流表一般装在充放电控制器面板上。对于太阳能通信电源系统、阴极保护系统等工业电源系统和大型太阳能发电站，往往要求对更多的参数进行测量，如太阳能辐射量、环境温度及充放电电量等，有时甚至要求具有远程数据传输、数据打印和遥控功能，这时太阳能电池发电系统就应配备智能化的数据采集系统和微机监控系统。

2. 太阳能光伏发电系统的分类

太阳能光伏发电系统分为独立光伏发电系统与并网光伏发电系统。

（1）独立光伏发电系统　独立光伏发电系统也称为离网光伏发电系统。主要由太阳能电池组件、控制器及蓄电池组成，若要为交流负载供电，还需要配置交流逆变器。系统结构示意图如图 3-28 所示。太阳能离网发电系统主要包括以下几部分。

1）太阳能控制器（光伏控制器和风光互补控制器）。太阳能控制器的作用是对所产生的电能进行调节和控制，一方面把调整后的能量送往直流负载或交流负载，另一方面把多余的能量送往蓄电池组贮存，当所发的电不能满足负载需要时，太阳能控制器又把蓄电池的电能送往负载。蓄电池充满电后，控制器要控制蓄电池不被过充电；当蓄电池所贮存的电能放完时，太阳能控制器要控制蓄电池不被过放电，起到保护蓄电池的作用。控

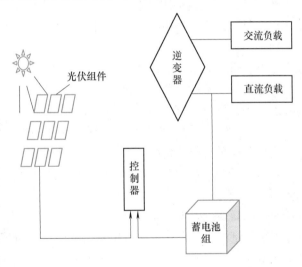

图 3-28　离网光伏发电系统示意图

制器的性能不好时，对蓄电池的使用寿命影响很大，并最终影响系统的可靠性。

2）太阳能蓄电池组。它的任务是贮能，以便在夜间或阴雨天保证负载用电。

3）太阳能逆变器。它负责把直流电转换为交流电，供交流负荷使用。太阳能逆变器是光伏风力发电系统的核心部件。由于使用地区相对落后、偏僻，维护困难，为了提高光伏风力发电系统的整体性能，保证电站的长期稳定运行，对逆变器的可靠性提出了很高的要求。另外，由于新能源发电成本较高，太阳能逆变器的高效运行也显得非常重要。

（2）并网光伏发电系统　并网光伏发电系统就是太阳能组件产生的直流电经过并网逆变器转换成符合市电电网要求的交流电后直接接入公共电网。太阳能并网光伏发电系统示意

图如图 3-29 所示。利用蓄电池和太阳能光伏电池阵列构成独立的供电系统向负载提供电能，当太阳能光伏电池输出的电能不能满足负载要求时，由蓄电池进行补充，而当其输出的功率超出负载需求时，则将电能贮存在蓄电池中；将太阳能光伏电池控制系统和电网并联，当太阳能光伏电池输出的电能不能满足负载要求时，由电网进行补充；而当其输出的功率超出负载需求时，则将电能输送到电网中。

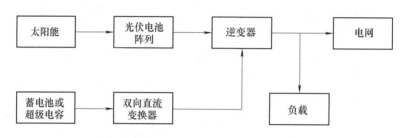

图 3-29　太阳能并网光伏发电系统示意图

　　并网光伏发电系统包括集中式大型并网光伏电站和分散式小型并网光伏系统。集中式大型并网光伏电站一般都是国家级电站，主要特点是将所发电能直接输送到电网，由电网统一调配向用户供电。这种电站投资大、建设周期长、占地面积大。而分散式小型并网光伏系统，特别是光伏建筑一体化发电系统，由于投资小、建设快、占地面积小及政策支持力度大等优点，是并网光伏发电的主流。目前光伏并网发电系统主要分为以下四类。

　　1）有逆流并网光伏发电系统。有逆流并网光伏发电系统是当太阳能光伏系统发出的电能充裕时，可将剩余电能馈入公共电网，向电网供电（卖电）；当太阳能光伏系统提供的电力不足时，由电网向负载供电（买电）。由于向电网供电时与电网供电的方向相反，所以称为有逆流光伏发电系统。

　　2）无逆流并网光伏发电系统。无逆流并网光伏发电系统是太阳能光伏发电系统即使发电充裕也不向公共电网供电，但当太阳能光伏系统供电不足时，则由公共电网向负载供电。

　　3）切换型并网光伏发电系统。所谓切换型并网光伏发电系统，实际上是具有自动运行双向切换的功能。一是当光伏发电系统因多云、阴雨天及自身故障等导致发电量不足时，切换器能自动切换到电网供电一侧，由电网向负载供电；二是当电网因为某种原因突然停电时，光伏系统可以自动切换，使电网与光伏系统分离，成为独立光伏发电系统工作状态。有些切换型光伏发电系统还可以在需要时断开，为一般负载供电，接通对应紧急负载的供电。一般切换型并网发电系统都带有储能装置。

　　4）有储能装置的并网光伏发电系统。所谓有储能装置的并网光伏发电系统，就是在上述几类光伏发电系统中根据需要配置储能装置。带有储能装置的光伏发电系统主动性较强，当电网出现停电、限电及故障时，可独立运行，正常向负载供电。因此，带有储能装置的并网光伏发电系统可以作为紧急通信电源，还可以作为医疗设备、加油站、避难场所指示及照明等重要或应急负载的供电系统。

3. 太阳能光伏发电的前景

　　太阳能发电有着广泛的发展前景。太阳辐射到地球表面的能量约为 17 万亿 kW，相当于目前全世界一年能源总消耗量的 3.5 万倍。太阳能光伏发电在不久的将来会占据世界能源消费的重要席位，不但要替代部分常规能源，而且将成为世界能源供应的主体。根据预测，到

2030 年太阳能光伏发电在世界总电力的供应中将达到 10% 以上；到 2040 年太阳能光伏发电将占总电力的 20% 以上；21 世纪末太阳能发电将占总电力的 60% 以上，显然，太阳能发电具有十分重要的战略地位，世界各国都纷纷把太阳能作为重要的战略能源之一。光伏发电的并网开发应用是目前世界上大规模利用光伏发电的必然选择，也是未来光伏发电的发展方向。2018 年，国家能源局发布 2018 年全国电力工业统计数据。数据显示，截至 2018 年，并网太阳能 174.63GW。其中，2018 年太阳能新增装机容量为 44.38GW。

4. 太阳能光伏发电面临的问题

光伏发电是绿色清洁的能源，符合能源转型发展方向，在能源革命中具有重要作用。近年来，在各方共同努力下，光伏发展取得了举世瞩目的成就。我国光伏发电新增装机容量连续 5 年全球第一，累计装机规模连续 3 年位居全球第一。光伏技术不断创新突破、全球领先，并已形成具有国际竞争力的完整的光伏产业链。特别是近两年，新增投产分别达到 3424 万 kW、5306 万 kW，2017 年底并网装机容量累计超过 1.3 亿 kW，光伏发电在推动能源转型中发挥了重要作用。但另一方面，也存在光伏发电弃光问题显现以及补贴需求持续扩大等问题，直接影响光伏行业健康有序发展，具体问题如下：

（1）产能持续释放，企业承压

伴随着光伏行业的连续爆发，行业内主要的龙头企业在近年来都赚得盆满钵满。虽然补贴逐年在下降，但是近年来的补贴下降幅度都低于行业预期，这保证了光伏行业较高的收益水平。在这样的情况下，尝到甜头的各大光伏企业不约而同地开始了产能扩张。

这些产能的持续释放将加大市场供需压力，但是相应的需求却未必能同步增长。目前来看，虽然光伏产业整体向好，但是国际和国内的新增市场规模有放缓的趋势，此消彼长之下，光伏企业如此大规模的产能扩张可能会引发过剩。一旦引发产能过剩，上下游产业链的产品价格将会大幅下滑，大企业或许能凭借产品优越的竞争力以及产能优势撑住场面，但是中小企业将面临较大的挑战。另一方面，大企业的产能扩张也将挤占小企业的生存空间，在淘汰落后产能的同时加剧行业竞争。

总体而言，企业的扩张是一把双刃剑，一方面可以加强产业整合速度，降低生产成本；另一方面也有可能带来投资过热、产能过剩的风险。如果企业不加以规避，在未来的两三年，产能过剩问题或将凸显。

（2）产业技术创新有待加强

近年来，随着黑硅技术、PERC 技术、双面技术的普及推广，太阳能电池的效率得到了大幅度的提升。作为太阳能发电最核心的部件，电池效率的提升是行业面对补贴下降的底气所在，也是实现行业成本下降最主要的动力。

然而令人担忧的是，虽然在 2017 年之后，我国已经连续第五年在新增规模上领跑全球，但是目前大热的黑硅技术、PFRC 技术、异质结等电池技术均起源于外国。这些电池技术大多是国外的企业或者研究所首次提出并进行最初阶段的发展，只是在我国的市场上发扬光大罢了。事实上，我国有着全世界最全面、最完善的光伏工艺产业链，最新的技术往往能在我国强大的产业链整合能力之下得到迅速发展。纵观电池技术的研发及发展，我国与十年前相比已经强了太多，目前我国的光伏企业保持了大多数电池效率纪录。在 2017 年，光是在单晶 PERC 电池方面，隆基、晶科就先后三次打破世界纪录，而汉能薄膜也保持了多项薄膜太阳能电池的世界纪录。但是多数新型电池的技术都是由国外引进，而某些世界纪录是通过直接收购而得来。整体来看，我国在新型电池的研究上面还与国外存在差距。

另外，我国在高效电池的工艺装备、生产设备、研发设备等方面也与国外存有差距，特别是工艺方面，设备决定产品性能，几乎也决定了后期的电池效率，以及综合成本。我国包括黑硅、PERC、N型技术等所需的关键设备仍依赖进口，这就削弱了我国光伏产业承受风险的能力。

此外，我国光伏产品以晶硅电池为主，而晶硅电池的应用百分之九十用在电站上面。但从应用来说，太阳能发电能够应用到建筑、汽车、船舶及公路等各个领域。除晶硅电池之外，薄膜电池也需要尽快发展起来，丰富太阳能发电产品结构，使得光伏呈现多样化的局面。这样才能开拓出多元化的市场。

（3）弃光限电不容小觑

尽管通过保障性收购、限制新建电站指标发放等一系列手段，弃光限电问题已经在2017年得到缓解，但是在电站规模持续扩大的情况下，弃光限电有可能再次卷土重来。

首先，存在于西北地区的弃光限电问题只是得到了缓解，而没有得到彻底解决。而且"缓解"的代价是西北地区的光伏产业发展近乎陷入了停滞。一直以来我国都是以集中式光伏电站发展为主，但是近年来集中式光伏电站的发展放缓明显，其中最主要的原因就在于弃光限电。我们更希望看到的是集中式光伏电站与分布式光伏电站齐头并进，协同发展，而不是此消彼长。弃光限电已经连续四五年成为光伏行业的"心病"，却始终无法得到解决。其中原因有三：第一，新能源发电的发展速度明显超越了新能源发电对传统煤电的替代速度；第二，西部地区资源丰富，但是消纳水平有限，然而我国却没有形成东、中、西部协同消纳市场，输电通道建设严重滞后；第三，现有电网调峰能力及灵活性不足，省间交易存在壁垒。

其次，由于西北地区弃光限电严重，目前全国的光伏发展重心已经逐步转移到了中东部。近两年来中东部的分布式、集中式装机都呈现出爆发式增长的态势，而在政策红利不断、行业景气度持续向好的情况下，中东部的光伏发展有可能会重蹈覆辙，再次出现弃光限电的问题。

弃光限电之所以存在，主要是因为电力市场上对于新能源发电的发展速度没有做好准备。要解决弃光限电问题，一味地对光伏产业的发展加以抑制并不是办法，最主要的还是要加快新能源发电对于传统煤电的替代速度，然后加强电网、输电通道的建设，消除省间壁垒，建立全国范围内的协同消纳市场。

（4）光伏补贴拖欠愈演愈烈

这也是新能源发展过于迅速的原因，包括光伏补贴在内的新能源补贴拖欠，近年来像滚雪球一样越滚越大。补贴资金巨大的缺口使得多数光伏发电项目难以及时获得补贴，给企业造成了很大的资金压力。而一旦某一个产业链环节的企业整体承压，那资金问题将会联动到整个行业。此外，由于光伏电站尚属于新兴产业，很难获得银行的融资、贷款，光伏企业常常因为补贴拖欠而举步维艰。在没有新政策下发的情况下，光伏补贴拖欠问题将会一直存在，成为制约行业发展的首要问题之一。

（5）贸易纠纷不断，光伏"走出去"前景不容乐观

2017年，我国已经连续第五年成为新增装机容量全球第一的国家。数据显示，2017年我国在产业链各环节生产规模全球占比均超过50%，其中硅片产量占全球的83%，组件产

量占全球产量的 71%。我国不但已经成为名副其实的全球第一大光伏市场，而且对全球的光伏市场具有极大的掌控力。另一方面，欧美、日本等国家的光伏市场却开始萎缩，欧洲最大的光伏企业 SolarWorld 宣布破产、美国最大的组件企业之一 Suniva 也宣布破产；即使欧美等国家的光伏产业主要是自身发展出现了问题，他们也纷纷怪罪于我国，并由此开始了一次又一次的"双反"与贸易调查。

目前，以我国光伏产业对全球市场的掌控力，依托国内市场的蓬勃发展，个别海外市场的关闭并不会对整个行业形成较大的影响。但是如果所有的国家都开始对我国进行"双反"等贸易措施，那我国的光伏产业将难以持续性发展。贸易摩擦的频发，阻碍了我国光伏"走出去"的步伐，也将导致全球光伏应用成本快速上升，不利于推动全球光伏应用。

在此情况下，我国光伏产业一方面要积极开发国际新兴市场，降低对个别市场的依赖程度；另一方面需要研发最新的技术，降低成本，用强大的竞争力作为自己的"敲门砖"，延续光伏产业的可持续发展之路。

5. 太阳能光伏发电系统的优缺点

（1）太阳能光伏发电系统的优点　太阳能光伏发电系统的优点在于：没有转动的部件，不产生噪声；没有空气污染，不排放废水；没有燃烧过程，不需要燃料；维修保养简单，维护费用低；运行可靠性、稳定性好；作为关键部件的太阳能电池使用寿命长，晶体硅太阳能电池寿命可达 25 年以上。

（2）太阳能光伏发电系统的缺点　太阳能光伏发电系统有很多优点，但是也存在着一定的缺点，具体体现如下。

1）光电转换率很低。太阳能电池的主要功能是将光能转换成电能，这使我们在选取太阳能电池板原材料的时候，产生了众多不便的因素。因为必须考虑材料的光导效应及如何产生内部电场，选取材料不仅要看吸光效果，还需要看它的光导效果，所以材料的选取对于光伏发电来说是一项很大的约束。从目前太阳能发展的情况来看，材料的选取仍旧是有待提高的突破点。即使在非常高效的材料下进行光电转换，它的效率仍然很低。因此，太阳能光伏发电的转换效率低依旧是中国乃至世界各国一直以来希望妥善解决的问题。

2）光伏发电需要很大的面积。从目前的实际状况来看，以单晶硅或多晶硅为主要原料的太阳能电池板正越来越多地点缀于城市建筑物的屋顶、墙壁，成为一座座所谓"清洁无污染"的太阳能电站。然而，在这种被称为"绿色电站"的身后，却"隐藏"着一系列高能耗、高污染的生产过程。即使是作为第三代太阳能电池的染料敏化太阳能电池，虽然它的最大吸引力在于廉价的原材料和简单的制作工艺，据科学家估算，它的成本仅相当于硅电池板的 1/10，但是，此类电池的效率却随面积的增大而降低。这一点又与太阳能发电需要充足的日照和广域的面积相矛盾。

3）所需光照要求复杂，选择地日光辐射情况应适当。太阳能，一提到这个名字，人们就会把它和万物之灵太阳联系起来，但是太阳能发电所需的必要条件就是光照指数。若在阳光不太充足的多云天气或是雨天和闷热的天气，太阳能光伏效应转换的效率将会大幅度降低，然而系统却仍需连续供电。

4）光伏发电成本太高。在太阳能电池中，硅系太阳能电池无疑是发展最成熟的，但其成本居高不下，远不能满足大规模推广应用的要求。SunPower 公司研制的太阳能电池板效率可达到22%，尽管其光电转化效率非常可观，但受原料价格和提纯工艺的限制，发电成本始终居高不下，这让很多企业和商家望洋兴叹。

三、太阳能电池发电系统

太阳能光伏发电技术主要涉及太阳能电池、电源转换（逆变器、充电器）、控制系统、储能系统及并网技术等领域。

1. 太阳能电池

太阳能光伏电池通常用晶体硅或薄膜材料制造，前者由切割、铸锭或者锻造的方法获得，后者是由一层薄膜附着在低价的衬背上。

晶体硅电池仍是当前太阳能光伏电池的主流。晶体硅电池包括单晶硅太阳能电池和多晶硅太阳能电池。单晶硅太阳能电池的实验室最高转换效率可达24.7%，商业化电池效率为16%～20%。多晶硅太阳能电池的实验室最高效率也已超过20%，商业化电池效率为15%～18%。除效率外，电池的厚度也很重要。降低硅片厚度是减少硅材料消耗、降低晶硅太阳能电池成本的有效技术措施。

目前，太阳能电池主要有以下几种类型：单晶硅太阳能电池、多晶硅太阳能电池、非晶硅太阳能电池、碲化镉电池和铜铟镓硒电池等。太阳能电池分类汇总见表3-2。

表3-2　太阳能电池分类汇总表

种类	电池类型	商用效率	实验室效率	优点	缺点
晶硅电池	单晶硅	16%～20%	24.7%	效率高、技术成熟	原料成本高
	多晶硅	15%～18%	20.3%	效率较高、技术成熟	原料成本较高
薄膜电池	非晶硅	6%～8%	13%	弱光效应好、成本相对较低	转换率相对较低
	碲化镉	6%～8%	15.8%	弱光效应好、成本相对较低	有毒、污染环境
	铜铟镓硒	6%～8%	15.3%	弱光效应好、成本相对较低	稀有金属

铜铟镓硒（CIGS）薄膜材料及电池自20世纪70年代以来，由于吸收光谱频带宽、高效率、高环境适应性（如抗辐照特性）等特点，一直是欧美各国及日本等国家发展的重点方向之一。目前实验室制备的玻璃衬底电池光电转换效率已达到20.3%。

2. 并网技术

国际上并网光伏发电有两种应用方式：一种是在城镇的建筑物屋顶或其他空地上建设，与低压配电网并联，光伏电站发出的电能直接被用户消耗，多余部分输送到电网；另一种是在荒漠建设，和高压输电网并联，通过输电网输送，降压后再供给用电负载。

光伏发电系统与建筑物相结合的系统（BIPV）是一种先进的、有潜力的高科技绿色节能建筑物发电系统。BIPV也是目前世界上大规模利用光伏技术发电的重要体现。BIPV是光伏并网的一种重要应用形式，主要是在城镇安装光伏电站，它是我国未来光伏发电的主要发展方向之一。

3. 跟踪式光伏发电技术

太阳能跟踪系统有效地解决了太阳能利用效果最佳化的问题，太阳能跟踪系统能够保持太阳能电池板随时正对太阳，使太阳的光线随时垂直照射在太阳能电池板上。国外的研究显示，单轴跟踪系统可以提高发电量20%以上，而双轴跟踪系统则可以将发电量提高40%之多。跟踪控制技术现在已经日趋成熟，例如，2006 年德国建成的当时世界上最大的光伏并网电站，总容量为 12MW，全部采用双轴跟踪的安装方式；此外，西班牙、葡萄牙等国也在建设上百兆瓦的跟踪式光伏电站。我国的中科院电工研究所于 2006 年 10 月底在西藏羊八井建成我国第一座具有多种跟踪方式的光伏示范电站。2012 年，西藏羊八井 20MW 光伏电站竣工并投产。这对于西藏地区生态环境保护、加快当地循环经济和低碳经济发展起到了积极的促进作用。

第四节　太阳能-化学能转换技术

太阳能-化学能转换（光化学转换），是指将太阳的辐射能转换为化学能存储起来，或者利用太阳光照的作用实现某些特定的化学反应过程。绿色植物的光合作用就是一种光化学转换过程。通过光合作用将太阳能转换成为生物质能的过程，称为光的生物利用。

一、光合作用

光合作用是指绿色植物通过叶绿体，利用光能把二氧化碳和水转化成贮存着能量的有机物，并且释放出氧气的过程。即绿色植物和藻类利用叶绿素等光合色素和某些细菌利用其细胞本身，在可见光的照射下将二氧化碳和水转化为有机物，并释放出氧气的生化过程。植物之所以被称为食物链的生产者，是因为它们能够通过光合作用利用无机物生产有机物并且贮存能量。通过食用，食物链的消费者可以吸收到植物及细菌所贮存的能量，效率为 10% ~ 20%。对于生物界的几乎所有生物来说，光合作用是它们赖以生存的关键。而对于地球上的碳氧循环，光合作用也是必不可少的。

由光合作用可知，生态系统的"燃料"来自太阳能。绿色植物在光合作用中捕获光能，并将其转变为碳水化合物以化学能的方式存储起来。光能转换成电能的示意图如图 3-30 所示。

二、光化学作用——光催化制氢

在新能源领域中，氢能已普遍被认为是一种最理想的新世纪无污染的绿色能源，这是因为氢燃烧后，水是它的唯一产物。

氢是自然界中最丰富的元素之一，它广泛地存在于水、矿物燃料和各类碳水化合物中。从水中获得的氢作为能源被使用后又回到了水的形态，因而可持续

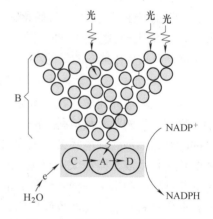

图 3-30　光能转换成电能示意图

开发和利用。但是由于水是一种很稳定的化合物，利用普通方法很难分解水制取氢气。电解水是一种很有效的分解水的方法，此方法利用水作为电解质不稳定的特性。光催化制氢原理如图 3-31 所示，该方法是通过电解手段分解水，从而达到制备氢气和氧气的目的。太阳辐射能是太阳内部连续不断的核聚变反应过程产生的能量，人类利用光电转换技术可以将取之不尽的太阳能直接转化为电能，从而达到电解水的条件。

1. 太阳能光催化制氢技术的原理

在标准状态下，把 1mol 水（18g）分解成氢气和氧气需要约 285kJ 的能量，太阳光辐射

的波长范围是 200 ~ 2600nm，对应的光子能量范围是 400 ~ 45kJ/mol。但是，水对于可见光和紫外线是透明的，并不能直接吸收太阳光能，因此，想用光分解水就必须使用光催化材料。科学家们通常是往水中加入一些半导体光催化材料，通过这些物质吸收太阳光能并有效地传给水分子，使水发生光解。以二氧化碳钛半导体光催化材料为例，当太阳光照射二氧化碳钛时，其价带上的电子（e−）就会受到激发而跃迁至导带，同时，在价带上产生相应的空穴（h+），这就形

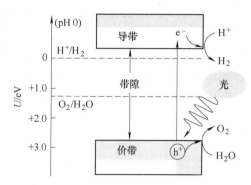

图 3-31 光催化制氢原理

成了电子-空穴对。产生的电子（e−）、空穴（h+）在内部电场作用下分离并迁移到粒子表面。水在这种电子-空穴对的作用下发生电离生成氢气和氧气。

根据对光催化分解水的基本原理和反应速率因素的研究分析，研究人员也对光催化材料进行了较为深入的探索，目前已形成了数量庞大的光催化材料体系。光催化分解水技术研究的关键是集成电路在光催化材料的研究方面，光催化材料要满足以下几个条件：①光催化材料分解水效率较高；②光催化材料最好要能利用太阳光所有波段中的能量。光分解水制氢以半导体作为催化材料，一般为金属氧化物和金属硫化物，金属氧化物物种广泛，具有合成方法简单和物理化学性质稳定等优点，因此引起了研究者的广泛关注。二氧化钛是一种使用最早，也是在光催化制氢研究中最为经典的催化材料。除了简单金属氧化物，多元金属氧化物也受到研究人员的关注。早期主要集中在含有过渡族元素的氧化物，即 Ti 酸盐、Ni 酸盐和 Ta 酸盐等过渡金属氧化物。目前研究者一般均选用二氧化钛作为光催化材料，主要因为二氧化钛无臭、无毒，化学稳定性好。但由于二氧化钛的禁带宽度较宽，只能利用太阳光中的紫外光部分，而紫外光只占太阳光总能量的4%，因而如何降低光催化材料的禁带宽度，使之能利用太阳光中可见光部分（占太阳能总能量的43%），是太阳能光催化制氢技术的关键。

2. 太阳能光催化制氢技术的研究现状

国内太阳能光化学转换研究近几年来有明显增加的趋势。光化学转换研究通过借鉴化学、物理、生物学及材料科学的成果，在交叉学科上实现创新与跨越，同时解决了能源与环境的问题，如消除环境污染、减少 CO₂ 排放。研究者发现了一种新的光催化材料，它由铟锌的硫化物组成，能在太阳可见光的照射下裂解水，连续产生氢气和氧气，效率可保持稳定。并且还研制出了一种新型的光催化材料，它由铟钽氧化物组成，表面有一层镍氧化物，这种催化材料在可见光波段起作用，它的催化效率和使用寿命都高于现有的同类催化剂。科学家采用阳光中波长为 402nm 的可见光对水进行分解，结果氧和氢的生成率为 0.66%。如果应用纳米技术改进催化材料的结构，特别是表面结构，则可把水的分解率提高百倍。2000年，南京大学首次完成了在户外太阳光下光催化分解水制氢的实验，这是国内开展新型环境材料和可再生能源研究取得的重要阶段性成果。

3. 太阳能光催化制氢技术的发展前景

地球上的水源占的比例比较大，考虑到近几年太阳能光催化制氢技术的迅猛发展和巨大突破，有可能在 21 世纪中叶走向实用化，使太阳能光催化制氢产业化成为现实。因此，利用太阳能光催化制氢技术进行产业化生产具有显著的经济效益、环境效益和社会效益。

今后的光催化制氢技术发展极具挑战性，目前我国在这一领域已具有较好的研究基础，受到了国际上的重视。为了在这一领域能有所作为，我国必须加大在这一方面的投入，其中包括加强光催化基础领域的研究，结合其他相关专业之间的交流，利用学科之间的交叉融合发展材料科学的新方法和新思路，找出高效、稳定且能利用可见光制氢的催化剂。

三、光电转换——电解水制氢

所谓电解，就是借助直流电的作用将溶解在水中的电解质分解成新物质的过程。电解水法制得的氢气纯度可高达99%以上，这是工业上制备氢气的一种重要方法。在电解氢氧化钠（钾）溶液时，阳极上放出氧气，阴极上放出氢气。电解氯化钠水溶液制造氢氧化钠时，也可得到氢气。对用于冷却发电机的氢气的纯度要求较高，因此，都是采用电解水的方法制得的。

1. 电解水制氢原理

在一些电解质水溶液中通入直流电时，分解出的物质与原来的电解质完全没有关系，被分解的是作为溶剂的水，原来的电解质仍然留在水中。例如，硫酸、氢氧化钠及氢氧化钾等均属于这类电解质。

在电解水时，由于纯水的电离度很小，导电能力低，属于典型的弱电解质，所以需要加入前述电解质，以增加溶液的导电能力，使水能够顺利地电解成为氢气和氧气。

2. 电解水制氢的方法

电解水制氢的转换效率原则上取决于电极的材料，但通过电极/电解液界面电位的修饰可以有效地防止电子-空穴的复合，从而能够有效地提高效率。要使电解水的反应发生，最少需要 $1.23V$ 的电压，现在最常用的电极材料是 TiO_2，把它用作电解水制氢系统的阳极，能够产生 $0.7 \sim 0.9V$ 的电压，因此要使水裂解必须施加一定的偏压。太阳能制氢中常用的施加偏压的方法有利用太阳能电池施加外部偏压和利用太阳能电池在内部施加偏压，所以太阳能电解水制氢可分为一步法和两步法。

（1）一步法太阳能电解水制氢　一步法就是不将电能引出太阳能电池，而是在太阳能电池的两个电极板上制备催化电极，通过太阳能电池产生的电压降直接将水分解成氢气与氧气。该方法是近年来在多结叠层太阳能电池（如三结叠层非晶硅太阳能电池）研究方面取得进展的情况下逐渐被重视起来的。由于叠层太阳能电池的开路电压可以超过电解水所需要的电压，而电解液又可以是透光的，所以将这种高开路电压的太阳能电池置入电解液中，电解水的反应就会在光照下自发进行。

一步法研究的重点是电池之间的能隙匹配、电池表面防腐层的选择和制备器件结构的设计，对催化电极的要求是有较低的过电动势、有较好的脱附作用、防腐及廉价。

（2）二步法太阳能电解水制氢　二步法太阳能电解水制氢是将太阳能光电转换和电化学转换在两个独立的过程中进行。这样，可以通过将几个太阳能电池串联起来以满足电解水所需要的电压条件。二步法太阳能电解水制氢如图 3-32 所示。

二步法制氢在系统中可以分别选用转化效率高的太阳能电池和较好的电化学电极材料以提高光电化学转换效率；还可以有效避免因使用半导体电极带来的光化学腐蚀问题。

但二步法要将电流引出电池，这会损耗很大的电能，因为电解水只需要低电压，若得到大功率的电能就需要很大的电流，从而使得导线耗材和功率损耗都很大，而且在电流密度很大时也加大了电极的过电动势。

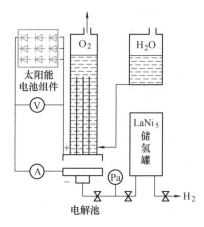

图 3-32 二步法太阳能电解水制氢

四、太阳能—高温热化学反应

1. 太阳能—高温热化学反应概述

太阳能—高温热化学反应主要是利用热化学反应过程将所聚集的太阳能转换为碳氢燃料的化学能。太阳能与化石燃料互补的热化学能量转化系统可以在太阳能资源丰富的地方进行太阳能热化学过程，并进行动力循环；也可以将太阳能转化为二次燃料运输到其他地方进行动力循环等，实现太阳能的存储，解决单独热发电系统发电不稳定、不连续的问题，从而提高太阳能转化的利用效率。太阳能—高温热化学反应的研究受到了国内外学者的广泛重视，特别是德国和瑞士的科学家们提出太阳热能与天然气重整相结合的能量系统，开辟了太阳能热化学利用的新方向。

2. 太阳能—高温热化学反应原理

（1）太阳热驱动天然气重整制氢　　天然气重整制氢是一个强吸热反应，其反应方程式为

$$CH_4 + H_2O \rightarrow CO + 3H_2 \tag{3-1}$$

$$CH_4 + CO_2 \rightarrow 2CO + 2H_2 \tag{3-2}$$

操作温度为770℃时重整的平衡转换率均可超过90%。经过重整反应，转换为化学能的太阳能占甲烷热值份额的28%，反应产物的合成气可以通过传统的联合循环进行发电，相应地，可实现 CO_2 减排大约20%。2010年，澳大利亚已经建立了世界上首台50MW太阳能驱动天然气水蒸气重整的示范发电站。太阳能重整吸收/反应器置于18m高的塔上，利用塔式聚光镜聚集高于800℃的太阳热以提供重整需要的反应热，制取的合成气作为燃气轮机发电燃料，推动涡轮发电。

（2）太阳热驱动天然气裂解　　太阳能高温裂解化石燃料的过程是将天然气、油和其他碳氢化合物加热到高温下发生裂解反应。碳氢化石燃料经过裂解反应后，生成了固态的碳和气态的氢气。这样，分离制取高纯度的氢气只需简单地将固态炭黑分离出去即可。同时，在该过程中发生了脱碳，不会产生额外的 CO 排放。得到的炭黑可以作为有价值的材料进行出售，从而降低制氢的成本。美国、以色列和瑞士等国家对该方法非常重视，进行了各种实验和理论研究。

3. 太阳能—热化学反应的发展

近年来，国外太阳能热化学燃料转化技术的研究正在不断完善和深化，而我国的研究起步较晚。总体上说，多数研究集中在金属载体的研发、太阳能吸收反应器的研制和太阳能热化学动力学三个方向。对太阳能热化学燃料转化能源系统方面的研究还寥寥无几，有待深入进行。太阳能热化学燃料转化作为一种新颖、高效的太阳能热利用方式，在发电、清洁燃料生产等能源系统耦合上表现出很大的优势，特别是与 CO 控制的有机结合，不仅能高效完成太阳热能的燃料转化，同时还能够实现超低能耗的 CO 捕集。以太阳能热化学为核心的能源系统不再

是个别单元技术的研究，而是着眼于不同功能、不同过程耦合的系统集成的研究，具有重要的理论价值和广泛的工程应用前景，是今后国际太阳能热利用发展的重要方向之一。

第五节 太阳能的利用现状及趋势

一、国内外太阳能的利用现状

太阳能是一种清洁、高效和永不衰竭的新能源。目前，各国政府都将太阳能资源的利用作为国家可持续发展战略的重要内容。光伏发电具有安全、可靠、无噪声、无污染、制约少、故障率低及维护简便等优点，在我国西部地形多样和居住分散的现实条件下，有着非常独特的作用。

1. 国外现状

近几年，国际光伏发电产业迅猛发展，并正在由偏远农村和特殊应用向并网发电和与建筑结合供电的方向发展，光伏发电已由补充能源向替代能源过渡。全球太阳能电池市场竞争激烈，欧美各国和日本领先的格局已被打破。

2012 以后的全球光伏市场要分为三类。一类是老牌的光伏行业强国，在 2012 年之后的光伏装机一直处于低增长，甚至是负增长。但是由于起步较早，积累时间较长，在累计装机上始终保持着优势。截至 2016 的数据，欧洲地区的累计光伏装机仍占到全球市场的 35%，位居第一。欧洲地区的新增装机容量 2011 年为增长 69%，2012 年受到欧洲债务危机的影响，包括德国、意大利、法国在内的欧洲光伏大国也开始下调上网电价的影响，然后经历了连续 3 年的负增长，2012 年到 2014 年间的装机容量分别为 18GW、11GW、7GW，增速分别为 -18%，-38%，-36%。第二类是在 2012 年之后开始增速明显，在 2016 之后进入平稳发展的新兴光伏国家，例如中国、美国。从占全球装机总容量的 5% 到 26%，中国只用了 5年的时间，在经历了 2013 年的新增装机量翻番之后，2014 年国家并没有推出新的刺激政策，2013 年装机容量达到 20GW 后，2014 年的累计装机增速并不是很明显。2016 年的新增装机容量上升到了 33GW，这也是一个新的高点。美国在新增装机的增速上在 2012 年出现了一个井喷式的 135% 的增长之后增速趋于稳定，直到 2016 的 79.27%，整体上呈现一个回暖趋势。第三类是在近 3 年，才真正重视太阳能发电这个板块，在 2017 年才慢慢凸显出增长趋势的印度。印度在 2015 年和 2016 年的新增装机容量增速分别为 166.58% 和 100.71%。到 2016 年，累计装机达到 9GW。

2012 之前，以德国、西班牙等欧洲国家率先提出的补贴发展太阳能光伏发电项目和上网电价法标志着光伏在欧洲市场正式启动，2012 之后增速放缓，但是存量巨大。到 2016 年仍占到全球市场的 35%，位居第一。2012 年到 2016 年，中美日增速明显，三国的装机总量 2015 年至 2016 年已经平均占到全球光伏市场的半壁江山。2016 之后，中印两国成为全球新增装机增长的主要驱动力量。

2. 国内现状

我国具有丰富的太阳能资源，太阳能光伏发电应用始于 20 世纪 70 年代，真正快速发展是在 80 年代。我国西部地区是世界上最大、地势较高的自然地理单元，也是世界上太阳能资源最丰富的地区之一，尤其是西藏地区，那里空气稀薄、透明度高，年日照时间长达

1600~3400h，每天日照6h以上的年平均天数在275~330天，太阳辐射强度大，年均辐照总量达7000MJ/m²，地域呈由东向西递增分布，年变化呈峰形，资源优势得天独厚，应用前景十分广阔。

2011年中国的上网电价补贴政策开启了国内光伏市场的新局面，当年就新增太阳能发电装机容量约2000MW，新增量位居世界第三。占全球太阳能发电新增装机的7%。

得益于国家对太阳能等新能源产业的政策、资金支持，我国已在太阳能电池生产制造方面取得重要地位，也成为了使用太阳能的大市场。近年来国家陆续出台了太阳能屋顶计划、金太阳工程等诸多补贴扶持政策，以促进太阳能产业可持续发展。

据国家能源局数据显示，2016年我国光伏新增装机量为34.5GW，而全球新增总装机容量为76GW，我国新增装机容量占世界总装机容量的45.4%，其中新增地面电站容量为30.31GW，新增分布式电站容量为4.24GW，新增分布式电站容量是2015年1.39GW的三倍，新增分布式电站占比达12.28%。而2015年，新增分布式电站占比为9.19%。自2014年政府政策倾向于发展分布式光伏以来，分布式电站的推广应用取得了较大的进步，国内需求应用端市场开始由之前的地面电站逐渐转向分布式电站。

二、太阳能利用技术的未来发展趋势

在煤炭、石油及天然气等常规能源日益减少，而人类对能源的需求越来越大的情况下，太阳能作为取之不尽、用之不竭、清洁环保的可再生能源，备受各国政府重视。国际太阳能利用技术和产品的日趋成熟，更为太阳能推广利用创造了条件。

目前，可持续发展观念被普遍接受，太阳能开发、利用的研究也将掀起热潮。至21世纪中叶，世界范围内的能源问题、环境问题的最终解决将依靠可再生洁净能源，特别是太阳能的开发利用，随着越来越多国家的政府和有识之士的重视，太阳能的利用技术也有望在短期内获得较大进展。

由于化石能源储量的有限性和利用的污染性，各国专家都看好太阳能等可再生能源，尽管目前太阳能的利用仅在世界能源消费中占很小的一部分。如果说20世纪是石油世纪的话，那么21世纪则是可再生能源的世纪，太阳能的世纪。2009年，中国科学院党组已正式批准启动实施太阳能行动计划，该计划以2050年前后太阳能作为重要能源为远景目标，确定了2015年分布式利用、2025年替代利用、2035年规模利用三个阶段目标。总体上看，我国太阳能的发展前景十分乐观。据权威专家估计，如果实施强化可再生能源的发展战略，到21世纪中叶，可再生能源可占世界电力市场的3/5，燃料市场的2/5。在世界能源结构转换中，太阳能处于突出位置。太阳能将在21世纪初进入一个快速发展阶段，并在2050年左右达到30%的比例，次于核能居第二位，21世纪末太阳能将取代核能居第一位。壳牌石油公司经过长期研究得出结论，21世纪的主要能源是太阳能；日本经济企划厅和三洋公司合作研究后则更乐观地估计，到2030年，世界电力生产的一半将依靠太阳能。

思　考　题

1. 太阳能具有哪些资源特性？
2. 太阳辐射分为哪几种形式？

3. 太阳能技术包括哪几种类型？

4. 举例说明 1～2 种太阳能技术的工作原理。

5. 什么是光伏效应？

6. 简述太阳能的利用现状。

7. 今后太阳能的发展前景如何？

8. 简述太阳能在我国的分布情况。

9. 太阳能发电有哪几种形式？原理是什么？

10. 太阳能光伏发电系统由哪几部分组成？

第四章 风能及其利用

第一节 风能概述

一、风的形成与特征

1. 风的形成

风是地球上的一种自然现象，风形成的原因有两个，即地球的转动及地球表面受太阳辐射程度的差别。地球是转动的，这意味着某个站在地球赤道上的人每天大约要运动 2.5 万 mile（1mile = 1609.344m），地球表面对大气的摩擦使此人头顶上的空气同样发生运动。但由于大气与地面没有固定的连接，其运动速度相对较慢，因此在地面上的人看来，好像是空气在动。由于太阳的存在，风的运动情况更加复杂。当太阳照射到地球表面后，地球表面各处因受热不同而产生温差，从而引起大气的对流运动。在气象学上，把垂直方向的大气运动称为气流，水平方向的大气运动则称为风，风的形成就是空气流动的结果。

要理解风的成因，先要弄清两个关键的概念：空气和气压。空气的成分包括氮分子（占空气总体积的78%）、氧分子（约占21%）、水蒸气和其他微量成分。所有空气分子以很快的速度移动着，彼此之间迅速碰撞，并和地平线上的物体发生碰撞。气压可以定义为：在一个给定区域内，空气分子在该区域施加压力的大小。一般而言，某个区域里空气分子越多，这个区域的气压就越大。相应来说，风是气压梯度力作用的结果。而气压的变化，有些是风暴引起的，有些是地表受热不均引起的，有些则是在一定的水平区域上大气分子被迫从气压相对较高的地带流向气压较低的地带引起的。

大部分显示在气象图上的高压带和低压带，只是形成了温和的微风。而产生微风所需的气压差仅占大气压力本身的1%，许多区域范围内都会发生这种气压变化。相对而言，强风暴的形成源于更大、更集中的气压区域的变化。

虽然形成风的直接原因是水平气压梯度力。但实际上我们每天看到的风是一种十分复杂的现象，形成原因除了上述作用力外，还受大气环流、地形及水域等不同因素的综合影响，其表现形式多种多样，如季风、地方性的海陆风及山谷风等。

（1）季风 理论上，风应沿水平气压梯度方向吹，即垂直于等压线从高压向低压吹，但是，由于地球的自转产生使空气水平运动发生偏向的力，称之为地转偏向力，这种力使北半球气流向右偏转，南半球向左偏转，所以地球大气运动除受气压梯度力外，还受地球自转偏向力的影响。大气的真实运动是由这两个力的合力推动。实际上，地面风不仅受这两个力的支配，而且在很大程度上受海洋、地形的影响。山隘和海峡能改变气流运动的方向，还能使风速增大；而丘陵、山地的摩擦会使风速减小；孤立山峰则因海拔高使风速增大。因此，风向和风速的时空分布较为复杂。如海陆差异对气流运动的影响，在冬季，大陆比海洋冷，

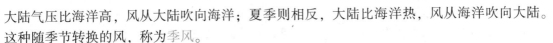

大陆气压比海洋高，风从大陆吹向海洋；夏季则相反，大陆比海洋热，风从海洋吹向大陆。这种随季节转换的风，称为季风。

（2）海陆风　所谓海陆风，就是白昼时大陆上的气流受热膨胀上升至高空流向海洋，到海洋上空冷却下沉，在近地层海洋上的气流吹向大陆，补偿大陆的上升气流，低层风从海洋吹向大陆称为海风；夜间（冬季）时，情况相反，低层风从大陆吹向海洋，称为陆风。

（3）山谷风　在山区，由于热力原因会引起气流在白天由谷地吹向平原或山坡，夜间由平原或山坡吹向谷地，前者称谷风，后者称为山风。这是由于白天山坡受热快，温度高于山谷上方同高度的空气温度，坡地上的暖空气从山坡流向谷地上方，谷地的空气则沿着山坡向上补充流失的空气，这时由山谷吹向山坡的风，称为谷风。夜间，山坡因辐射冷却，其降温速度比同高度的谷地空气快，冷空气沿坡地向下流入山谷，称为山风。

2. 风的特征

风向和风速是两个描述风的重要参数。风向是指风吹来的方向，如果是从北方吹来的风就称为北风。风速是表示气流移动的速度，即单位时间内空气流动所经过的距离。风向和风速这两个参数都是变化的。

风具有随机性。风是随时间变化的，包括每日的变化和季节性变化。通常，一天之中风的强弱在某种程度上可以看作是周期性的，如地面上夜间风弱，白天风强；高空中则相反，夜里风强，白天风弱。由于季节的变化，太阳与地球的相对位置也发生变化，从而使地球上存在季节性的温差。因此，风向和风的强度也会发生季节性的变化。我国大部分地区风的季节性变化情况是：春季最强，夏季最弱。当然也有部分地区例外，如有的沿海地区夏季季风最强，春季季风最弱。另外，风是随高度变化的，从空气运动的角度通常可将不同高度的大气层分为三个区域：离地面2m以内的区域称为底层；2～100m的区域称为下部摩擦层，底层与下部摩擦层总称为地面境界层；100～1000m的区段称为上部摩擦层，上述三个区域总称为摩擦层（也称大气境界层）。摩擦层之上是自由大气。地面境界层内空气流动受涡流、粘性、地面植物及建筑物等的影响，风向基本不变，但离地面越高风速越大。

风具有随机性，如果用自动记录仪来记录风速，就会发现风是不断变化的。紊流所产生的瞬时高峰风速也叫阵风风速。世界气象组织根据风的强弱将风力分为13个等级。

3. 风玫瑰图

为了表示某个地区在某一时间内的风频、风速等情况，就需要一种更科学、更直观的统计方式，通常使用的是风玫瑰图。用风玫瑰图来反映一个地区的气流情况更贴近现实。风玫瑰图在气象统计、城市规划及工业布局等方面有着十分广泛的应用。风玫瑰图包括风向玫瑰图、风速玫瑰图及风频风速玫瑰图等。风向玫瑰图是在极坐标图上绘出某个地区在一年中各种风向出现的频率，因图形似玫瑰花朵而得名，风向玫瑰图表示风向的频率，又称为风频图。风向玫瑰图是一个给定地点一段时间内的风向分布图，图中线段最长者即为当地主导风向。最常见的风向玫瑰图是一个圆，圆上引出16条放射线，它们代表16个不同的方向，每条直线的长度与这个方向风的频率成正比。在各方向线上按各方向风出现的频率截取相应的长度，将相邻方向线上的截点用直线联结成闭合折线图（见图4-1a）就组成了风向玫瑰图。在图4-1a中，该地区最大风频的风向为北风，约为20%（每一间隔代表风向频率5%）；中心圆圈内的数字代表静风的频率。有些风向玫瑰图上还指示出了各风向的风速范围。

如果用这种方法表示各方向的平均风速，就成为风速玫瑰图。风玫瑰图还有其他形式，

图 4-1b、c 为风频风速玫瑰图，每一方向上既反映风频大小（线段的长度），又反映这一方向上的平均风速（线段末段的风羽多少）；图 4-1d、e 为无量化的风玫瑰简易图，线段的长度表示风频的相对大小。

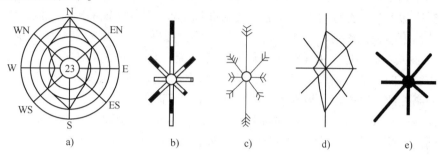

图 4-1 风玫瑰图

4. 风能密度

由流体力学可知，气流的动能为

$$E = \frac{1}{2}mv^2$$

式中，m 为一团气体的质量；v 为气流速度。

设单位时间（1s）内气流流过截面积为 A 的气体的体积为 L，则

$$L = vA$$

如果以 ρ 表示空气密度，则该体积的空气的质量为

$$m = \rho L = \rho vA$$

此时气流所具有的动能为

$$E = \frac{1}{2}mv^2 = \frac{1}{2}\rho Av^3$$

由上式可以看出，风能的大小与气流的密度和气流通过的截面积成正比，与气流速度的三次方成正比。因此，在风能的计算中，最重要的因素是风速，风速的取值准确与否对风能的大小起决定性作用，风速增加一倍，风能可以增加到八倍之多。

风能密度是单位时间内通过单位截面积的风能，即在 1s 内以速度为 v 流过单位面积产生的动能。它是描述一个地方风能潜力的最方便、最有价值的量。但是在实际中，风速每时每刻都在变化，不能使用某个瞬时风速值来计算风能密度，只有长期观察风速资料才能反映其规律，故引出了平均风能密度的概念。空气密度取决于气压和温度，因此，不同地方、不同条件的空气密度是不同的，因而风能密度也不同。一般来说，海边地势低、气压高，空气密度大，风能密度也就高。在这种情况下，若有适当的风速，风能潜力自然大。高山气压低、空气稀薄，风能密度就小些。但是如果高山风速大、气温低，仍会有相当的风能潜力。

由风能的表达式可得到风能密度公式，即

$$W = \frac{1}{2}\rho v^3$$

式中，W 为风能密度（W/m^2）；v 为气流速度。

风能与其他能源相比，既有其明显的优点，又有其突出的局限性。风能具有蕴藏量巨大、可再生、分布广泛及无污染四个优点。风能的弱点为能量密度低、不稳定及地区差异大。

二、风能资源及其分布

流动空气所具有的动能称为风能。风不仅含有的能量很大，而且在自然界中所起的作用也是很大的。风中含有的能量比人类迄今为止所能控制的能量高得多。全世界每年燃煤得到的能量还不到风在同一时间内所提供给人类的能量的 1%。可见，风能是地球上重要的能源之一，是太阳能的一种转化形式。风能资源的总量决定于风能密度和可利用的风能年累积小时数。

1. 我国风能资源及其分布

我国幅员辽阔、海岸线长，位于欧亚大陆东部、濒临太平洋西岸，风能资源比较丰富，尤其是季风较强盛。季风是我国气候的基本特征，如冬季季风在华北长达 6 个月，东北长达 7 个月；东南季风则遍及我国的东半壁。

我国风能资源主要分布在东南沿海及附近岛屿。新疆、内蒙古和甘肃走廊、东北、西北、华北和青藏高原等部分地区，每年风速在 3m/s 以上的时间近 4000h，一些地区年平均风速可达 7m/s 以上，具有很大的开发利用价值。我国面积广大，地形地貌复杂，故而风能资源的状况及分布特点随地形、地理位置的不同而有所不同，据此可将我国风能资源划分为四个区域（包括海上建设的风电场）。

（1）东南沿海及其岛屿地区风能丰富带 东南沿海及其岛屿风能丰富带的年有效风功率密度（与风向垂直的单位面积中风所具有的功率）在 200W/m² 以上，部分沿海岛屿风功率密度在 500W/m² 以上，如台山、平潭、东山、南鹿、大陈、嵊泗、南澳、马祖、马公及东沙等，可利用的风能年累积约为 7000~8000h。这一地区特别是东南沿海，由海岸向内陆丘陵连绵，风能丰富地区仅在距海岸 50km 之内。

东南沿海受台湾海峡的影响，每当冷空气南下到达海峡时，由于狭管效应而使风速增大。冬春季的冷空气、夏秋的台风都能影响到沿海及其岛屿，是我国风能的最丰富区。我国海岸线长约 18000km，有岛屿 6000 多个，这些地区是风能开发利用最有前景的地区。

（2）三北（东北、华北和西北）地区风能较丰富带 包括东北三省、河北、内蒙古、甘肃、青海、西藏和新疆等省/自治区近 200km 宽的地带，风功率密度在 200~300W/m² 以上，有的可达 500W/m²，可开发利用的风能储量约 2 亿 kW，约占全国可利用风能储量的 79%。如阿拉山口、达坂城、辉腾锡勒、锡林浩特的灰腾梁及承德围场等，可利用的风能年累积时间在 5000h 以上，有的可达 7000h 以上。

由于欧亚大陆面积广阔，北部地区气温又较低，是北半球冷高压活动最频繁的地区，而我国地处欧亚大陆东岸，正是冷高压南下的必经之路。北部地区是冷空气入侵我国的前沿，在冷锋（冷高压前锋）过境时，冷锋后面 200km 附近经常可出现 6~10 级（10.8~24.4m/s）的大风。这对风能资源的利用来说，就是可以有效利用的高质量风能。这一地区的风能密度虽比东南沿海小，但其分布范围较广，是我国连成一片的最大风能资源区。

该地区地势平坦、交通方便，没有破坏性风速，有利于大规模开发风电场。但是，建设风电场时应注意低温和沙尘暴的影响，有的地方联网条件差，应与电网统筹规划发展。

（3）内陆局部风能丰富区 这些地区由于湖泊和特殊地形的影响，风能资源也较丰富，风功率密度一般在 100W/m² 以下，可利用风能年累积时间为 3000h 以下。如鄱阳湖附近较周围地区风能就丰富，湖南衡山、湖北的九宫山、河南的嵩山、山西的五台山、安徽的黄山及云南的太华山等地区。

青藏高原的海拔在4000m以上，风速比较大，但空气密度较小，如在海拔4000m的空气密度大致为海平面的67%，也就是说，同样是8m/s的风速，在海平面风功率密度为313.6W/m²，而在海拔4000m则只有209.9W/m²。这里年平均风速为3~5m/s，风能仍属于一般地区。

(4) 海上风能丰富区 我国海上风能资源丰富，可利用的风能资源约是陆上的3倍，即7.5亿kW。海上风速高，很少有静风期，可以有效利用风能发电。风速随高度的变化小，可以降低塔架高度。海上风的湍流强度低，没有复杂地形对气流的影响，可减少风电机组的疲劳载荷，延长使用寿命。一般海上风速比平原沿岸高20%，发电量可增加70%，在陆上设计寿命20年的风电机组在海上可使用25年到30年，且距离电力负荷中心很近。随着海上风电场技术的发展成熟，经济上可行性的提高，风能资源在不久的将来必然会成为重要的可持续能源。

2. 世界风能资源及其分布

世界上的风能资源十分丰富，根据相关资料统计，每年来自外层空间的辐射能约为1.5×10^{18}kW·h，其中的2.5%即3.8×10^{16}kW·h的能量被大气吸收，产生大约4.3×10^{12}kW·h的风能。

风能资源受地形的影响较大，世界风能资源多集中在沿海和开阔大陆的收缩地带。8级以上的风能高值区主要分布于南半球中高纬度洋面和北半球的北大西洋、北太平洋及北冰洋的中高纬度部分洋面上。大陆上风能则一般不超过7级，其中以美国西部、西北欧沿海、乌拉尔山顶部和黑海等地区多风地带风能储量较大。

欧洲是世界风能利用最发达的地区，其风能资源非常丰富。欧洲沿海地区风能资源最为丰富，主要包括英国和冰岛沿海、西班牙、法国、德国和挪威的大西洋沿海，以及波罗的海沿海地区，其年平均风速可达9m/s以上。整个欧洲大陆，除了伊比利亚半岛中部、意大利北部、罗马尼亚和保加利亚等部分东南欧地区以及土耳其地区以外（该区域风速较小，在4~5m/s以下），其他大部分地区的风速都较大，基本在6~7m/s以上。

亚洲大陆地域广袤、地形复杂、气候多变，风能资源也很丰富，主要分布于中亚地区（主要哈萨克斯坦及其周边地区）、阿拉伯半岛及其沿海、蒙古高原、南亚次大陆沿海及亚洲东部及其沿海地区。

北美洲地形开阔平坦，风能储量也十分巨大，其风能资源主要分布于北美大陆中东部及其东西部沿海以及加勒比海地区。

三、风能的利用

人类利用风能的历史可以追溯到公元前，我国是世界上最早利用风能的国家之一。公元前数世纪，我国人民就利用风力提水、灌溉、磨面、舂米，用风帆推动船舶前进。到了宋代，更是我国应用风车的全盛时代，当时流行的垂直轴风车一直沿用至今。在国外，公元前2世纪，古波斯人就利用垂直轴风车碾米；11世纪，风车在中东已获得广泛的应用；13世纪，风车传至欧洲，到14世纪风车已成为欧洲不可缺少的原动机；在荷兰，风车先用于莱茵河三角洲湖地和低湿地的汲水，之后又用于榨油和锯木。由于蒸汽机的出现，才使欧洲风车数目急剧下降。

数千年来，风能技术发展缓慢，也没有引起人们足够的重视。但自1973年世界石油危机以来，在常规能源告急和全球生态环境恶化的双重压力下，风能作为新能源的一部分才重新有了长足的发展。风能作为一种无污染和可再生的新能源，有着巨大的发展潜力，特别是对沿海岛屿，交通不便的边远山区，地广人稀的草原牧场以及远离电网和近期内电网还难以达到的农村、边疆，作为解决生产和生活能源的一种可靠途径，有着十分重要的意义。即使在发达国家，风能作为一种高效清洁的新能源也日益受到重视。

风能利用的形式主要是将大气运动时所产生的动能转化为其他形式的能量。风能的利用主要是以风能做动力和风力发电两种形式，其中又以风力发电为主。以风能做动力就是利用风来直接带动各种机械装置。

风能的利用主要包括风力发电、风力提水、风力致热及风帆助航。

第二节　风力发电

一、风力发电发展简史

21世纪是可再生能源的世纪，由于风能非常丰富、价格非常便宜且能源不会枯竭，又可以在很大范围内取得，它非常干净、没有污染，不会对气候造成影响，因而风力发电具有极高的推广价值。在我国，风能资源丰富的地区主要集中在北部、西北和东北的草原、戈壁滩以及东部、东南部的沿海地带和岛屿上。这些地区缺少煤炭及其他常规能源，并且冬春季节风速高，雨水少；夏季风速低，雨水多，风能和水能具有非常好的季节匹配。

风力发电是在大量利用风力提水的基础上产生的，最早起源于丹麦。早在1890年，丹麦政府就制定了一项风力发电计划，经过18年的努力，制造出首批72台单机功率为5～25kW的风力发电机，又经过十年的努力，发展到120台。时至今日，丹麦已成为世界上生产风力发电设备的大国。

第一次世界大战刺激了螺旋桨式飞机的发展，使近代空气动力学理论有了用武之地。在此期间，高速风轮叶片的桨叶设计有了一定的基础。1931年，苏联首先采用螺旋桨式叶片设计建造了当时世界上最大的一台30kW的风力发电机。

第二次世界大战前后，由于能源需求量较大，不少国家相继注意风力发电机的发展。美国于1941建造了一台1250kW、直径达53.3m的风力发电机。但是，这种特大型风力发电机制造技术复杂，运行不稳定，经济性很差，所以很难得到发展。1978年1月，美国在新墨西哥州的克莱顿镇建成的200kW风力发电机，其叶片直径为38m，发电量足够60户居民用电。而1978年初夏，在丹麦日德兰半岛西海岸投入运行的风力发电装置，其发电量则达2000kW，风车高57m，所发电量的75%送入电网，其余供给附近的一所学校用。1979年上半年，美国在北卡罗来纳州的蓝岭山又建成了一座世界上最大的发电用的风车。这个风车有十层楼高，风车钢叶片的直径为60m；叶片安装在一个塔形建筑物上，因此风车可自由转动，可从任何一个方向获得电力；风速在38km/h（1km/h = 0.278m/s）以上时，发电能力可达2000kW。由于这个丘陵地区的平均风速只有29km/h，因此风车不能全部运动。据估计，即使全年只有一半时间运转，它就能够满足北卡罗来纳州七个县1%～2%的用电需要。但是，在后来廉价石油的冲击下，特大型风力发电机只停留在科研阶段，未能实用。20世纪70年代，世界出现了石油危机，以及随之而来的环境问题，这迫使人们开始考虑可再生能源问题，风力发电很快被重新提到了议事日程。

我国是世界上利用风能最早的国家之一。用帆式风车提水已有1700多年的历史，在农业灌溉和盐池提水中起到过重要的作用。从20世纪70年代开始，在国家有关部门的领导和协调下，我国开始小型风力发电机的研制，并取得了明显进展，实现了小型机组的国产化，且在内蒙古等地区得到较广泛的应用。但因长期以来一直停留在内蒙古家庭独户利用的水平以及科研性的小规模研制上，人们对风电的认识也多停留在蒙古包水平的概念上。到20世纪90年代，风力发电设备的研制主要是为了保护地球环境，减排温室气体，减少日益枯竭的化石燃料的消耗。随着科学技术水平的进一步提高，风力发电将更有竞争力，其清洁和安全性更符合绿色社会可持续发展的政策。

在风电领域，现在装机排名前三的分别为中国、美国和德国。作为发展中国家的中国和印度增速最快。2006年至2015年，中国的风电装机实现了近50倍的增长，而同样较其他发达国家起步较晚的印度也经历了跨越式发展，从2006年仅6GW装机，增加19GW，实现3倍增长，跻身世界第四。发达国家增速最快的当属美国，与2006年旗鼓相当的西班牙相比，增长5.4倍，而西班牙仅增长96%。德国增长较为平稳，由2006年世界排名第一的位置下滑至2015年的第三位，装机量增长仅1倍多。此外，近年来全球海上风电装机增速加快，主要分布于欧洲地区，亚洲市场则刚刚起步。

二、风力发电的原理及系统组成

1. 风力发电的原理

风力发电是利用风力带动风车叶片旋转，再透过增速机将旋转的速度提升，来促使发电机发电。即把风的动能转换为机械动能，再把机械动能转换为电力动能。依据目前的风车技术，大约3m/s的微风速度（微风的程度）便可以开始发电。

因为风力发电没有燃料问题，也不会产生辐射或空气污染，因而正在世界上形成一股热潮。风力发电在芬兰、丹麦等国家很流行；我国也正在西部地区大力提倡。小型风力发电系统效率很高，但它不是只由一个发电机头组成的，而是一个有一定科技含量的小系统。通常人们认为风力发电的功率完全由风力发电机的功率决定，总想选购大一点的风力发电机，其实这是不正确的。目前的风力发电机只是给蓄电池充电，而由蓄电池把电能贮存起来，人们最终使用电功率的大小与蓄电池容量大小有更密切的关系。功率的大小更是主要取决于风量的大小，而不仅是机头功率的大小。在内地，选用小的风力发电机会比大的更合适，因为它更容易被小风量带动而发电，持续不断的小风会比一时狂风供给的能量更多。当无风时，人们还可以正常使用风力带来的电能。使用风力发电机，就是源源不断地把风能变成人们家庭使用的标准市电，其经济程度是很明显的，一个家庭一年的用电量只需20元充蓄电池电解液。

2. 风力发电系统的组成

典型的风力发电系统是由风能资源、风力发电机组、控制装置、蓄能装置、备用电源及电能用户组成。其中，风力发电机是实现由风能到电能转换的关键设备，风力发电机的每一部分都很重要。叶片用来接受风力并通过机头转换为电能；尾翼使叶片始终对着来风的方向从而获得最大的风能；转体能使机头灵活地转动以实现尾翼调整方向的功能；机头的转子是永磁体，通过定子绕组切割磁力线产生电能。风力发电机因风量不稳定，故其输出的是 13～25V 变化的交流电，须经充电器整流，再对蓄电池充电，使风力发电机产生的电能变成化学能，然后用有保护电路功能的逆变电源把蓄电池里的化学能转变成交流 220V 市电，才能保证稳定使用。

　　风力发电机根据应用场合的不同又可分为并网型和离网型风力发电机。离网型风力发电机亦称为独立运行风力发电机，是应用在无电网地区的风力发电机，一般功率较小。独立运行风发电力机一般需要与蓄电池和其他控制装置共同组成独立运行风力发电系统。这种独立运行系统可以是几千瓦乃至几十千瓦，用于解决一个村落的供电系统，也可以是几十到几百瓦的小型风力发电机组，用于解决一家一户的供电。小型风力发电机组一般由下列几部分组成：风轮、发电机、调速和调向机构、停车机构、塔架及拉索、蓄电池、控制器和逆变器等。风力发电机如图 4-2 所示。

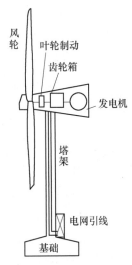

图 4-2　风力发电机

　　(1) 风轮　小型风力发电机的风轮大多由 2～3 个叶片组成，它是把风能转换为机械能的部件。目前风轮叶片的材质主要有两种：一种是玻璃钢材料，一般用玻璃丝布和调配好的环氧树脂在模型内手工糊制，在内腔填加一些填充材料，手工糊制适用于不同形状和变截面的叶片，但手工制作费工费时，产品质量不易控制。国外小风机也采用机械化生产等截面叶片，大大提高了叶片生产的效率和产品质量。另一种是合金钢和铝合金材质。合金钢价格低廉，易加工成细长形状，并可以按照翼形来成型，但是合金钢密度太大，易腐蚀，难以加工成扭曲形状。铝合金密度较低，易于加工制造且能满足扭曲设计的要求，但是还没有很好的挤压成型技术可以将铝合金加工成从根部到尖部的细长形状。

　　(2) 发电机　小型风力发电机一般采用的是永磁式交流发电机，由风轮驱动发电机产生的交流电经过整流后变成可以贮存在蓄电池中的直流电。

　　(3) 调向机构、调速机构和停车机构　为了从风中获取能量，风轮旋转面应垂直于风向。在小型风力发电机中，这一功能靠风力发电机的尾翼作为调向机构来实现。随着风速的增加，还要对风轮的转速进行一定的限制，这是因为：一方面，过快的转速会对风轮和风力发电机的其他部件造成损坏；另一方面，也需要把发电机的功率输出限定在一定的范围内。由于小型风力发电机的结构比较简单，目前一般采用叶轮侧偏式调速方式，这种调速机构在风速、风向变化较大时容易造成风轮和尾翼的摆动，从而引起风力发电机的振动。因此，在风速较大时，特别是蓄电池已经充满电的情况下，应人工控制风力发电机停机。有的小型风力发电机中还设有手动刹车机构。另外，在实践中可采用侧偏的停机方式，即在尾翼上固定一软绳，当需要停机时，拉动尾翼使风轮侧向于风向，从而达到停车的目的。

　　(4) 小型风力机的塔架　一般由塔管和 3～4 根拉索组成，高度为 6～9m，也可根据当地实际情况灵活选取。

　　(5) 蓄电池　是发电系统中一个非常重要的部件，多采用汽车用铅酸蓄电池，近年来国内有些厂家也开发出了适用于风能、太阳能应用的专用铅酸蓄电池。另外，还有选用镉镍碱性蓄电池的，但其价格较贵。

（6）控制器 风力发电机控制器的功能是控制和显示风力发电机对蓄电池的充电，以保证蓄电池不至于过充电和过放电，保证蓄电池的正常使用和整个系统的可靠工作。目前，风力发电机控制器一般都附带一个耗能负载，它的作用是在蓄电池已充满且外部负荷很小时来吸纳风力发电机发出的电能。

（7）逆变器 逆变器是把直流电（12V、24V、36V和48V）变成220V交流电的装置，因为目前市场上很多用电器是采用220V供电的，因此这一装置在很多应用场合是必需的。

三、风力发电的运行方式

风力发电的运行方式可分为独立运行、并网运行、风电场、风力-柴油发电系统联合运行、风力发电—太阳电池发电联合运行及风力—生物质能—柴油联合发电系统等。

1. 独立运行

通常是由一台小型风力发电机向一户或几户提供电力，用蓄电池蓄能，以保证无风时的用电。3～5kW以下的风力发电机多采用这种运行方式，可供边远农村、牧区、海岛、气象台站、导航灯塔、电视差转台及边防哨所等电网达不到的地区利用。

2. 并网运行

风力发电机与电网连接，可向电网输送电能及向大电网提供电力，并网运行是为了克服风的随机性带来的蓄能问题而采取的最稳妥易行的运行方式，也是风力发电的主要发展方向。10kW以上直至兆瓦级的风力发电机均可以采用这种运行方式。

3. 风电场

该运行方式是在风能资源丰富的地区按一定的排列规则成群安装风力发电机组，组成集群，少的3～5台，多的可达几十台、几百台，甚至数千上万台。风电场内风力发电机组的单机容量为几十千瓦至几百千瓦，也有达到兆瓦以上的。

风电场一般选在较大盆地的风力进出口或较大海洋湖泊的风力进出口等，具体体现在高山环绕盆地（或海洋或湖泊）的峡谷低处，或有贯穿环山岩溶岩洞处，这样就可获得较大的风力。一般需要达到两个要求：一是场址的风能资源比较丰富，年平均风速在6m/s以上，年平均有效风功率密度大于200m/m²，年有效风速累积时间（3～25m/s）不小于5000h；二是场地面积需达到一定的规模，以便有足够的场地布置风力发电机。风电场大规模利用风能，其发出的电能全部经变电设备送往大电网。新疆达坂城风电场如图4-3所示。

图4-3 新疆达坂城风电场

4. 风力-柴油发电系统联合运行

该系统由风力发电机组、柴油发电机组、蓄能装置、控制系统、用户负荷及耗能负荷等组成。各发电、供电系统既能单独工作，又能联合工作，互相不冲突。采用风力—柴油发电系统可以实现稳定持续的供电。这种系统有两种不同的运行方式：①风力发电机与柴油发电机交替运行；②风力发电机与柴油发电机并联运行。

5. 风力发电-太阳能电池发电联合运行

该系统是一种互补的新能源发电系统，风力发电机可以和太阳能电池组成联合供电系统。风能、太阳能都具有能量密度低、稳定性差的弱点，并受地理分布、季节变化及昼夜变化等因素的影响。我国属于季风气候区，冬季、春季风力强，但太阳辐射弱，夏季、秋季风力弱，但太阳辐射强，两者能量变化趋势相反，因而可以组成能量互补系统，并给出比较稳定的电能输出。这种运行方式利用了自然能源的互补特性，增加了供电的可靠性。风力发电-太阳能电池发电联合运行装置如图 4-4 所示。

图 4-4　风力发电-太阳能电池发电联合运行装置

6. 风力-生物质能-柴油联合发电系统

该系统是在风力-柴油发电系统基础上增加了更多功能的联合系统，在有生物质能的地方，将柴油发电系统直接接入沼气、天然气或生物柴油等可燃气体或液体，就可以使柴油发电机工作并发电。

四、风力发电设备

风力发电机组由两部分组成：一部分是为发电提供原动力的风力机，也称为风轮机；另一部分是将其转换为电能的发电机。

1. 风力机的分类

风力机主要利用气动升力带动风轮。气动升力是由飞行器的机翼产生的一种力，如图 4-5 所示。

从图 4-5 可以看出，机翼翼型特点使运动的气流在机翼上表面形成低压区，在机翼下表面形成高压区，从而产生向上的合力，并垂直于气流方向。在产生升力的同时也产生阻力，风速也会有所下降。升力总是推动叶片绕中心轴转动。

国内外风力机的结构形式繁多，从不同的角度可有多种分类方法。

1）按叶片工作原理的不同，可分为升力型风力机和阻力型风力机。

2）按风力机的用途的不同，可分为风力发电机、风力提水机、风力铡草机和风力脱谷机等。

3）按风轮叶片的叶尖线速度与吹来风速之比大小的不同，可分为高速风力机（比值大于3）和低速风力机（比值小于3）。也有把比值为2~5的称为中速风力机。

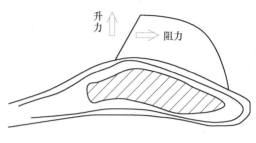

图4-5 气动升力图

4）按风机容量大小的不同，可将风力机组分为小型（100kW以下）、中型（100~1000 kW）和大型（1000 kW以上）三种。我国则分成微型（1 kW以下）、小型（1~10 kW）、中型（10~100 kW）和大型（100 kW以上）4种。也有的将1000kW以上的风机称为巨型风力机。

5）按风轮叶片数量的不同，可分为单叶片、双叶片、三叶片、四叶片及多叶片式风力机。

目前，按风轮轴与地面的相对位置来分类的方法较为流行。按风轮轴与地面相对位置的不同，可分为水平轴风力机和垂直轴（立轴）风力机。水平轴风力机风轮的旋转轴与风向平行；垂直轴风力机风轮的旋转轴垂直于地面或气流方向。因为叶片工作原理不同，水平轴和垂直轴风力机又可细分为升力型水平轴风力机、阻力型水平轴风力机、升力型垂直轴风力机和阻力型垂直轴风力机。各种不同类型的水平轴风力机示意图如图4-6所示。

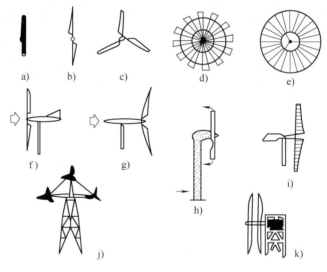

图4-6 各种不同类型水平轴风力机示意图

（1）垂直轴风力机

1）桨叶式风力机。桨叶式风力机是一种阻力型风力机，因它的叶片形状而得名。这种风力机的设计关键集中在如何减小逆风方向叶片的阻力，因此有许多设计方案。有使用遮风板的，也有改变迎风角的，不过桨叶式风力机的效率很低，除了在日本局部地区曾经使用过，实际上几乎没有制造和使用的实例。一般来说，这种风力机为垂直轴型的类型，但是也有把它设计成水平轴的。

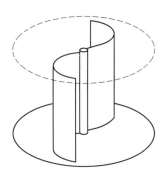

2）萨布纽斯式风力机。萨布纽斯式风力机是 20 世纪 20 年代发明的垂直轴风力机，以其发明者萨布纽斯的名字命名（我国有时称它为 S 型风力机）。这种风力机通常由两枚半圆筒形的叶片所构成，也有用三枚或四枚的。这种风力机往往上下重叠多层，效率最大不超过 10%，能产生很大的转矩。在发展中国家，有人用它来提水、发电等，是一种传统的阻力型风力发电机。萨布纽斯式风力机示意图如图 4-7 所示。

图 4-7　萨布纽斯式
风力机示意图

3）达里厄型风力机。达里厄型风力机是一种新开发的垂直轴风力机，以其发明者法国人达里厄的名字命名，分为普通的 Φ 形达里厄型风力机和特殊的 Δ 形达里厄型风力机，其叶片多为 2～3 枚。该风力机回转时与风向无关，为升力型。它装置简单，成本也比较低，但起动性能差，因此也有人把这种风力机和萨布纽斯式风力机组合在一起使用。Φ 形达里厄型风力机和 Δ 形达里厄型风力机如图 4-8 和图 4-9 所示。

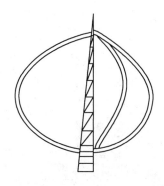

图 4-8　Φ 形达里厄型风力机

图 4-9　Δ 形达里厄型风力机

4）旋转涡轮式风力机。这种风力机垂直安装 3～4 枚对称翼形的叶片，它有使叶片自动保持最佳功角的机构，因此结构复杂，价格也较高，但它能改变桨距，起动性能较好，能保持一定的转速，效率极高。这种风力机也可以对非对称的叶片进行固定安装。旋转涡轮式风力机如图 4-10 所示。

5）弗来纳式风力机。在气流中回转的圆筒或球可以使该物体周围的压力发生变化而产生升力，这种现象称为马格努斯效应。利用这个效应制成的发电装置称为弗来纳式风力发电装置。在大的圆形轨道上移动的小车上装上回转的圆筒，由风力驱动小车，用装在小车轴上的发电机发电，这种装置是 1931 年由美国的 J·马达拉斯发明的，并实际制造了重 15t、高 27m 的巨大模型进行了实验。但这个实验只进行了很短的时间便中止了。现在弗来纳式风力机装置再次受到重视，美国的笛顿大学在重新进行开发和试验。

图 4-10　旋转涡轮式风力机

6）费特·肖奈达式风力机。这种风力机是由德国费特公司的工程师肖奈达发明的。费特·肖奈达式螺旋桨垂直地安装在船底下部作为船的推进器。推进器圆周的叶片在不同的位置上能够改变方向，随着叶片的角度和回转速度的不同，其升力的大小和方向也不同，所以可以不用舵。把这种费特·肖奈达叶片上下相对就可制成风力机，其工作原理和旋转涡轮式风力机相类似。

（2）水平轴风力机

1）螺旋桨式风力机。作为风力发电，使用最多的是螺旋桨式风力机。常见的是双叶片和三叶片风力机，但也有一片或四片以上的风力机。这种风力机的翼形与飞机翼形相似。为了提高起动性能，尽量减少空气动力损失，多采用叶根强度高、叶尖强度低带有螺旋角的结构。螺旋桨式风力机至少要达到额定风速才能输出额定功率，为了使风向正对风轮回转平面，需要进行方向控制。螺旋桨式风力机如图4-11所示。

2）荷兰式风力机。这是欧洲（特别是荷兰和比利时）经常使用的风力机，现有900台左右，一部分用于游览，大型的有直径超过20m的机组。荷兰式风力机如图4-12所示。

图4-11　螺旋桨式风力机　　　　　　　图4-12　荷兰式风力机

3）多翼式风力机。多翼式风力机在美国的中、西部牧场大部分用来提水，19世纪以来已有数百万台。多翼式风力机装有20枚左右的叶片，是典型的低转速大转矩风力机，目前不仅在美国使用，在墨西哥、澳大利亚、阿根廷等地也有相当的使用数量。美国风力涡轮公司研究的自行车车轮式风力机，48枚中空的叶片做放射状配置，性能比过去的多翼式风力机有很大提高，也属于多翼式风力机。用来发电的发电机常用带传动或齿圈传动。多翼式风力机如图4-13所示。

4）帆翼式风力机。布制帆翼式风力机在地中海沿岸及岛屿有很长的历史，其中大型的有直径10m、20枚叶片的，大多数为直径4m、6~8枚叶片。帆翼式风力机绝大部分用来提水，一小部分用来磨面。普林斯顿大学研究出一种新风力机叶片，这种叶片看起来像是木质的整体，但实际上前缘用金属管制成，后缘使用钢索制成，叶片的主体部分用帆布制成，因此，它的重量很轻，性能与刚体螺旋桨没有什么两样，而且通过加在叶尖上的配重也可以控制桨距进行调速。

5）涡轮式风力机。涡轮式风力机由静叶片（定子）和动叶片（转子）构成，这种风力机尤其适用于强风地区。由日本学者研制并在南极大陆使用的涡轮式风力发电装置可耐40~50m/s的大风雪，制造得极其坚固，并采用了轴流涡轮方式，从而可取得较高的效率。

图 4-13 多翼式风力机

6）多风轮式风力机。这是美国的毕罗尼玛斯提出的一种设想，是把许多风轮安装在一个塔架上，整个机组在海上漂浮，使用由许多风轮组成的发电设备。这种设备因为设置在海上，所以可把发出的电力用于电解海水，贮存氢气和氧气。但这种风力机目前还处于设想阶段。

风力机的风轮与纸风车的转动原理一样，不同的是，风轮叶片具有比较合理的形状。为了减小阻力，其断面呈流线形，前缘有很好的圆角，尾部有相当尖锐的后缘，表面光滑，风吹来时能产生向上的合力，可驱动风轮很快地转动。对于功率较大的风力机，风轮的转速是很低的，而与之联合工作的机械，转速要求又比较高，因此必须设置变速箱，把风轮转速提高到工作机械的工作转速。只有当风垂直地吹向风轮转动面时，风力机才能发出最大功率来，但由于风向是多变的，因此还要有一种装置，使之在风向变化时保证风轮跟着转动，自动对准风向，这就是机尾的作用。风力机是多种工作机械的原动机。利用它带动水泵和水车，就是风力提水机；带动碾米机，就是风力碾米机。此类机械统称为风能的直接利用装置。带动发电机的就叫风力发电机。它们均由两大部分组成，一部分是风力机本体和附件，是把风能转化为机械能的装置；另一部分是电气部分，包括发电机及电气装置，把机械能转换为电能，并可靠地提供给用户。小型风力发电机的容量不大，功率一般从几瓦到几千瓦，大都具有结构简单、搬运方便的优点。按风力机与发电机的连接方式分，有变速连接和直接连接两种。

2. 发电机的选择和分类

发电机的作用是将机械能转换为电能。风力发电机上的发电机与电网上的发电设备相比有点不同，原因是发电机需要在波动的机械能条件下运转。

大型风力发电机（100~150kW）通常可产生690V的三相交流电。当电流通过风力发电机旁（或在塔内）的变压器时，电压被提高至10000~30000V，具体电压取决于当地电网的标准。大型制造商可以提供50Hz风力发电机类型（用于世界大部分的电网）或60Hz类型（用于美国电网）。

发电机在运转时需要冷却。在大部分风力发电机上，发电机被放置在管内，并使用大型风扇来风冷。还有一部分制造商采用水冷。水冷发电机更加小巧，而且发电效率高，但这种冷却方式需要在机舱内设置散热器来消除液体冷却系统产生的热量。

风力发电机可以使用同步或异步发电机,可直接或间接地将发电机连接在电网上。直接电网连接指的是将发电机直接连接在交流电网上。间接电网连接指的是风力发电机的电流通过一系列电力设备,经调节与电网匹配。采用异步发电机时,这个调节过程将自动完成。

用于风力发电的发电机,一般可分为直流发电机和交流发电机两类。其中,交流发电机又可分为同步交流发电机和异步交流发电机两种。如果把风力机和发电机作为一个整体系统来考虑,则可以把风力发电机组分为恒速恒频、近恒速恒频、变速变频和变速恒频4种系统。

3. 风力发电机的结构

一般的风力发电机是由机舱、转子叶片、轴心、低速轴、齿轮箱、高速轴及其机械闸、发电机、偏航装置、电子控制器、液压系统、冷却元件、塔架、风速计及风向标等组成。风力发电机的结构如图4-14所示。

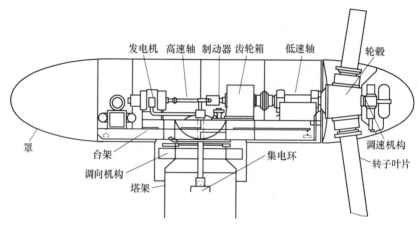

图4-14 风力发电机结构图

(1)机舱 机舱包容着风力发电机的关键设备,包括齿轮箱和发电机。维护人员可以通过风电机塔进入机舱。机舱左端是风力发电机转子,即转子叶片及轴。

(2)转子叶片 用于捕获风,并将风力传送到转子轴心。现代600kW的风力发电机上,每个转子叶片的测量长度大约为20m,而且通常被设计得很像飞机的机翼。转子叶片安装在机头上,是把风能转换为机械能的主要部件。大部分风力发电机都具有恒定的转速,转子叶片末的转速为64m/s,在轴心部分转速为零,距轴心1/4叶片长度处的转速为16m/s。因为叶片末端的转速是撞击风力发电机前部风速的8倍。转子叶片如图4-15所示。

大型风力发电机的转子叶片通常呈螺旋状。从转子叶片看过去,风向叶片的根部移动,直至到转子中心,风从很陡的角度进入(比地面的通常风向陡得多)。如果叶片从特别陡的角度受到撞击,转子叶片将停止运转,因此,转子叶片需要被设计成螺旋状,以保证叶片后面的刀口沿地面上的风向被推离。

大型风力发电机上的大部分转子叶片都是用玻璃钢(GRP)制造的。采用碳纤维或芳族聚酰胺作为强化材料是另外一种选择,但这种叶片对大型风力发电机是不经济的。木材、环氧木材或环氧木纤维合成物目前还没有在转子叶片市场出现,尽管目前在这一领域已经有了一定的发展。钢及铝合金分别存在重量及金属疲劳等问题,目前只用于小型风力发电机上。

图 4-15 转子叶片

（3）轴心 转子轴心附着在风力发电机的低速轴上。

（4）低速轴 风力发电机的低速轴将转子轴心与齿轮箱连接在一起。在现代 600kW 的风力发电机上，转子转速相当慢，为 19~30r/min。低速轴中有用于液压系统的导管，可激发空气动力闸的运行。

（5）齿轮箱 它可以将高速轴的转速提高至低速轴的 50 倍。如果使用普通发电机，并使用两个、四个或六个电极直接连接在 50Hz 三相交流电网上，就不得不使用转速为 1000~3000r/min 的风力发电机。对于转子直径为 43m 的风力发电机，这意味着转子末端的速度比声速的两倍还要高。另外一种可能是建造一个带有许多电极的交流发电机。但如果要将发电机直接连在电网上，则需要使用 200 个电极的发电机来获得 30r/min 的转速。另外一个问题是，发电机转子的质量需要与转矩大小成比例。因此，直接驱动的发电机会非常重。使用齿轮箱，就可以将风力发电机转子上较低的转速和较高的转矩转换为用于发电机上的较高转速和较低转矩。风力发电机上的齿轮箱通常在转子及发电机转速之间具有单一的齿轮比，对于 600kW 或 750kW 风力发电机，齿轮比大约为 1:50。

（6）高速轴及其机械闸 高速轴以 1500r/min 的速度运转，并驱动发电机。它装备有紧急机械闸，在空气动力闸失效时或风力发电机被维修时起作用。

（7）发电机 通常称为异步发电机。在现代风力发电机上，最大电力输出通常为 500~1500kW。

（8）偏航装置 风力发电机偏航装置用于将风力发电机转子转动到迎风的方向。借助电动机转动机舱，以使转子正对着风吹来的方向。偏航装置由电子控制器操作，电子控制器可以通过风向标来感受风向。通常，在风改变方向时，风力发电机一次只会偏转几度。

当转子不垂直于风向时，风力发电机就会存在偏航误差。偏航误差意味着风中的能量只有很少一部分可以在转子区域流动。如果只发生这种情况，偏航装置将控制向风力发电机转子电力输入达到最佳方式。但是，转子靠近风源的部分受到的力比其他部分要大。一方面，这意味着转子倾向于自动对着风偏转，逆风或顺风的汽轮机都存在这种情况；另一方面，这意味着叶片在转子的每一次转动时，都会沿着受力方向前后弯曲。存在偏航误差的风力发电机与沿垂直于风向偏航的风力发电机相比，将承受更大的疲劳负荷。

几乎所有水平轴的风力发电机都会强迫偏航，即用一个带有电动机及齿轮箱的机构来保持风力发电机对着风偏转。几乎所有逆风设备的制造商都习惯在不需要的情况下停止偏航装置。

（9）电子控制器 包含一台不断监控风力发电机状态的计算机，并控制偏航装置的设备。为了防止故障（即齿轮箱或发电机过热）的发生，该控制器可以自动停止风力发电机的转动，并通过电话调制解调器来呼叫风力发电机操作员。

（10）液压系统 用于重置风力发电机的空气动力闸。

（11）冷却元件 包含一个风扇，用于冷却发电机。此外，它还包含一个油冷却元件，用于冷却齿轮箱内的油。一些风力发电机还具有水冷发电机。

（12）塔架 风力发电机塔载有机舱及转子。通常，越高的塔，越具有优势，因为离地面越高，风速越大。现代 600kW 风力发电机的塔高为 40～60m，它可以为管状塔，也可以是格子状塔。管状塔对于维修人员来说更为安全，因为他们可以通过内部的梯子到达塔顶。格子状塔的优点是它比较便宜。

（13）风速计及风向标 用于测量风速及风向。

五、风力发电的核心技术

风力发电系统中的两个主要部件是风力机和发电机。风力机向着变桨距调节技术方向发展，发电机则向着变速恒频发电技术方向发展，这是风力发电技术发展的趋势，也是当今风力发电的核心技术。下面就来简单介绍这两方面的情况。

1. 风力机的变桨距调节

风力机通过叶轮捕获风能，将风能转换为作用在轮毂上的机械转矩。

变桨距调节方式是通过改变叶片迎风面与纵向旋转轴的夹角，从而影响叶片的受力和阻力，限制大风时风机输出功率的增加，保持输出功率恒定。采用变桨距调节方式，风力机功率输出曲线平滑。在额定风速以下时，控制器将叶片攻角置于零度附近，不发生变化，近似等同于定桨距调节。在额定风速以上时，变桨距控制结构产生作用，调节叶片攻角，将输出功率控制在额定值附近。变桨距风力机的起动速度比定桨距风力机低，停机时传递冲击应力相对缓和。正常工作时，主要是采用功率控制，在实际应用中，功率与风速的三次方成正比。较小的风速变化就会造成较大的风能变化。

由于变桨距调节风力机受到的冲击比其他风力机要小得多，故可减少材料使用率，降低整体重量。另外变桨距调节型风力机在低风速时可使桨叶保持良好的攻角，比失速调节型风力机有更好的能量输出，因此比较适合安装于平均风速较低的地区。

变桨距调节的另外一个优点是：当风速达到一定值时，失速型风力机必须停机，而变桨距型风力机则可以逐步变化到一个桨叶无负载的全翼展开模式位置，避免了停机，增加了风力机的发电量。

变桨距调节的缺点是对阵风反应要求灵敏。失速调节型风力机由于风的振动引起的功率脉动比较小，而变桨距调节型风力机则比较大，尤其对于采用变桨距方式的恒速风力发电机，这种情况更明显。这样就要求风力机的变桨距系统对阵风的响应速度要足够快，才可以减轻此现象。

2. 变速恒频风力发电机

变速恒频风力发电机常采用交流励磁双馈发电机，它的结构类似于绕线转子异步发电机，只是转子绕组上加有集电环和电刷。这样一来，转子的转速就与励磁的频率有关，从而使得双馈发电机的内部电磁关系既不同于异步发电机又不同于同步发电机，但它却具有异步发电机和同步发电机的某些特性。

交流励磁双馈变速恒频风力发电机不仅可以通过控制交流励磁的幅值、相位及频率来实现变速恒频，还可以实现有功、无功功率控制，对电网而言还能起到无功补偿的作用。

交流励磁变速恒频双馈发电机系统有如下优点：

1）允许原动机在一定范围内变速运行，简化了调整装置，减少了调速时的机械应力。同时，使机组控制更加灵活、方便，提高了机组的运行效率。

2）需要变频控制的功率仅是电机额定容量的一部分，从而使变频装置体积减小，成本降低，投资减少。

3）调节励磁电流幅值，可调节发出的无功功率；调节励磁电流相位，可调节发出的有功功率。应用矢量控制可实现有功、无功功率的独立调节。

第三节　风力提水技术

风力提水是人类有效利用风能的主要方式之一，开发和应用风力提水机械对于节省常规能源，解决我国农村提水动力不足的问题和促进农业的发展有着重要的现实意义。在我国，农业是基础产业，粮食的生产至关重要。到 21 世纪末，仅人口增加就需要增加粮食 400 亿kg。而粮食增产的重要突破口是灌溉面积进一步的扩大。由于一些地区能源短缺和架设电网不便等原因，限制了灌溉面积的进一步扩大。在我国三北（东北、西北和华北）地区，60% 的地区蕴藏着丰富的风力资源，所以开发风力提水灌溉是这些地区发展农业生产的一条重要途径。

一、风力提水现状

目前我国生产运行中的风力提水机约 3000 台，主要分布在东南沿海制盐，江苏、河北农田灌排，三北人畜饮水及小型草场灌溉等。我国的常用风力提水机按其使用技术指标可分为低扬程大流量型、中扬程大流量型和高扬程小流量型。

1. 低扬程大流量风力提水机组

低扬程大流量风力提水机组是由低速或中速风力机与钢管链式水车或螺旋泵相匹配形成的一类提水机组。它可以提取河水、海水等地表水，用于盐场制盐、农田排水、灌溉和水产养殖等作业。机组扬程为 0.5 ~ 3m，流量可达 50 ~ 100m³/h。风力提水机的风轮直径为 5 ~ 7m，风轮轴的动力通过两对锥齿轮传递给水车或螺旋泵，从而带动水车或水泵提水。这类风力机的风轮能够自动迎风，一般采用侧翼—配重调速机构进行自动调速。

2. 中扬程大流量风力提水机组

中扬程大流量风力提水机组是由高速桨叶匹配容积式水泵组成的提水机组。这类风力提水机组的风轮直径为 5 ~ 6m，扬程为 10 ~ 20m，流量为 15 ~ 25m³/h。这类风力提水机用于提取地下水，进行农田灌溉或人工草场的灌溉。这种机组中的风力机一般均为流线型升力桨叶风力机，性能先进、适用性强，但造价高于传统式风车。

3. 高扬程小流量风力提水机组

高扬程小流量风力提水机组是由低速多叶片立轴风力机与活塞水泵相匹配组成的。这类机组的风轮直径一般为 2 ~ 6m，扬程为 20 ~ 100m，流量为 0.5 ~ 5m³/h，主要用于提取深井地下水。这类机组主要在我国西北部、北部草原牧区为人畜提供清洁饮用水或为小面积草场提供灌溉用水。这类提水机是通过曲柄连杆机构把风轮轴的旋转运动变为活塞泵的往复直线运动进行提水作业的。风轮的对风一般都是通过尾翼来自动调整的，并采用风轮偏置—尾翼挂接轴倾斜方法进行自动调速。

二、发展风力提水业的前景

可持续发展是当今世界发展的潮流，能源与环境问题是人们所关注的。风力提水与风力发电技术作为可再生能源领域里的生力军，一定会对我国农牧业经济的发展起到重要的促进作用，它对于开发新能源，节约常规能源，保护生态环境也有重大的现实意义。大力发展风力提水技术是我国实施可持续发展战略的重要举措，是风能开发利用的一项主要而基本的内容，虽然我国的风力提水技术产业具有广阔的市场前景，但毕竟现在还是一个新兴产业，虽然有些技术已比较成熟，但是有些还处在科研和示范阶段。随着科学技术的不断发展，风力提水技术也必将得到不断的发展完善。

1）进一步扩大灌溉面积是粮食增产的重要突破口。在我国许多边远地区由于能源短缺和架设电网难以实现等原因，有 2/5 的耕地得不到灌溉，从而严重制约着我国农业的发展。采用风力提水灌溉是发展我国农牧业生产的一条重要途径。利用我国丰富的风能资源，广泛利用风力提水技术进行灌溉，连片开发，形成小农户大农业的局面，是我国中低产田改造的一条重要捷径。

2）在中低产田的改良中，涝、渍盐碱地占有较大的比重，这些土地的改良措施主要是排水。如河套平原位于我国西北黄河流域的中上游，属于大陆性气候，具有干旱少雨、风大的特点。农业用水依靠引黄灌溉，大量引用黄河水源的结果虽然满足了农业灌溉生产的需要，但同时也伴随着土壤次生盐渍化的危害。从观测试点资料看，降低地下水位，对土壤脱盐效果十分明显，所以采取排水来降低区域地下水是解决河套灌区盐碱化的有效方法，也是解决黄淮海平原和东北三江平原等地涝渍盐碱灾害的有效途径。这些地区绝大部分为风能的可利用区，大部分处在风能资源丰富区或较丰富区。若采用风力排水，则可减少土石方工程量和电网的架设，从而降低了工程造价和运转费用。

3）在畜牧业生产中，开展灌溉人工草场和高产饲草料地是克服草原畜牧业脆弱性，抵御自然灾害发生，促进畜牧业稳产、高产的根本途径。世界上一些畜牧业发达的国家都把饲草料种植业作为草原畜牧业经济的坚强后盾，人工种草面积大都在草原面积的 9.5% 以上，最高可达 37.2%。美国和俄罗斯均为 10% 左右，而我国仅为 1.3% 左右。我国牧区面积大、人口稀少，常规能源供应受到各种条件的制约，满足不了畜牧业生产发展的需要。经调查分析表明：我国大部分牧区的风能资源和地下水资源的时空分布都非常适合于开展风力提水灌溉。同时，风力提水对节约能源和环境保护更具有深远意义。

三、风力提水的经济效益

风力提水在中低产田改造和盐碱地改良的应用中占有较大的比重，采用排水是改良盐碱地的重要措施。一般一台叶片直径为 6m 的风力排水机可控制排水面积 7.5hm², 增产粮食10000kg，节约柴油 1800t（节电 1 万 kW·h），1 年可增产节支约 1 万元，而风力提水机的造价约为 2 万元。

风力提水应用在农田灌溉中时，一台叶片直径为 6m 的风力提水机可在旱田变水田中灌溉农田 7.5hm²，提水成本为 0.02 元/t，远低于柴油、电力提水成本。

牧区一般远离电网，常规能源短缺，风力提水在牧区就有着特别重要的作用。一台小型风力提水机可供一个牧户的生活用水和人畜饮用，不但解决了无提水机的实际问题，而且有显著的经济效益。例如，在内蒙古扎鲁特旗购进了一台 FD-4 型风力提水机，解决了 1000 只羊的长年饮水问题，4 年间仅支出维护保养费 174.5 元，平均每年支出 44 元，是柴油提水成本的 1/3。

在水利设施相对滞后的山东省邹城市东部山区，风力提水技术在缓解当地旱情方面也发挥了巨大作用，它不用电，不用油，只是依靠天然风资源完成向上提水的作业，机械结构简单，成本低廉，操纵和维护方便，省时省力，又低碳环保。

由此可见，充分利用无污染的风能资源大力发展风力提水，在扩大农田灌溉、改良盐碱地、满足农牧民人畜饮水等方面，十分经济实用，综合效益明显，对我国的发展有着重要的意义。

第四节 风力致热技术

风力致热是将风机输出轴的机械能直接转化为热能的技术，风力致热的能量利用率高，对风质要求低，对风况变化的适应性强，蓄能问题也便于解决。另外，风力致热装置的结构比较简单，且容易满足风力机对负荷的最佳匹配要求。因此，随着社会发展对热能需求的增长，将风力致热技术应用于生活采暖及农业生产等，具有广阔的发展前景。

根据热力学定律，由高品位能量到低品位能量的转换，其理论效率可达 100%。理想风力机的转换效率约为 60%，实际应用的风力机效率一般仅为理想风力机效率的 70%。通常，风力机提水时的效率只有 16% 左右，发电时的转换效率为 30%，而风力致热的转换效率则可以达到 40%。风力致热主要有液体搅拌致热、液体挤压致热、固体摩擦致热和涡电流法致热四种方式，其中研究较多的是液体搅拌致热和液体挤压致热。

1. 液体搅拌致热

液体搅拌致热是在风轮的转轴上连接一个搅拌转子，转子上装有叶片，将搅拌转子置于装满液体的搅拌罐内，罐的内壁为定子，也装有叶片。当风轮带动转子叶片转动时，转子搅拌液体，液体在转子叶片、定子叶片及容器壁之间做涡流运动，并不断撞击、摩擦，将机械能转换为热能，提高了液体的温度，从而得到所需的热能。搅拌致热装置容易制造、无易磨损件，对载热介质无严格要求。在整个工作过程中，将投入的能量全部转换为热能，能很好地与风力机输出功率特性相匹配，功率系数大。风力致热示意图如图 4-16 所示。

2. 液体挤压致热

液体挤压致热是利用液压泵和阻尼孔来进行致热，风力机输出轴驱动液压泵旋转，使液压油从狭小的阻尼孔高速喷出，高速喷出的油与尾流管中的低速油相冲击。油液高速通过阻尼孔时，由于分子间的互相冲击和摩擦而加速分子的运动，油液的动能变成热能，油温上升。由于是液体间的冲击和摩擦，故不会因磨损、烧损等问题损坏致热装置，因此，液体挤压致热的可靠性较高。

3. 致热工质的选择

致热工质是风力致热器设计的重要组成部分，关系到风力致热器的体积和系统的致热效

率。液体搅拌致热依靠液体的撞击摩擦
将机械能转换为热能。牛顿内摩擦定律
揭示：由于流体的粘滞性，在相互滑动
的各层之间会产生流体的内摩擦力，
由它们把运动传递到各相邻的流体层，
使流动较快的层减速，而流动较慢的
层加速，形成按一定规律变化的流速
分布。从工质在流动过程中摩擦生热
的角度考虑，高粘性的液体流向较低
粘性的液体更合适。由于风力致热器
的工作过程完全依赖于当地、当时的
风况，而风力资源有季节性变化，分
布不均匀，因此，风力致热器一年中
有多少时间能够使用，必须遵循自然

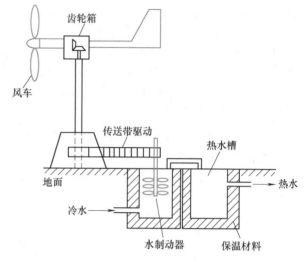

图 4-16　风力致热示意图

规律。风力致热器在风速过低、过大和无风的情况下都不能工作，风速小的时候还有可能出
现致热功率不足等问题。因此，要想将风力致热产生的热能大规模应用于生活供暖及农业生
产中，就必须进行热能的贮存，以备风力致热器不能正常工作或无风时使用。

风能是目前最具开发利用前景且技术较为成熟的一种新能源和可再生能源，利用的经济
性随着技术的改进正不断提高。风力致热与风力发电、风力提水相比，具有能量转换效率高
的特点。因为由机械能转变为电能时不可避免地要产生损失，而由机械能转变为热能时，理
论上可以达到100%的效率。目前，风力致热技术在日本、美国、加拿大和丹麦等国家已进
入示范试验阶段。我国风力致热技术的研究起步较晚。我国的风能资源蕴藏丰富，可供开发
的风力致热资源很多。由于我国风能资源比较丰富的地区大部分在内蒙古、新疆等较偏远地
区，这些地区能源的最终使用方式主要是热能，如采暖、加热、保温、烘干、家禽饲养及蔬
菜大棚等，使用风力致热最为有利、便捷。因此，进一步投入研发力量，加快风力致热技术
的研究开发，在风力资源丰富的地区发展风力致热技术，用于生活供暖及农业生产等，这对
缓解我国能源压力，减轻环境污染，提高生产及生活质量具有重要的意义。

第五节　风帆助航

在机动船舶发展的今天，为节约燃油和提高航速，古老的风帆助航也得到了发展，航运
大国日本已在万吨级货船上采用计算机控制的风帆助航，节油率可达到15%。

1. 风能在船舶上应用的历史

东汉刘熙在《释名》中曾写到"帆，泛也，随风张幔曰帆"，这表明我国于1800年前
已开始利用风帆驾船。风帆助航如图4-17所示。

20世纪80、90年代，日本在风帆助航的研究和利用方面有了新的突破。1980年，日本建
造了第一艘装有普通翼帆的新爱德丸（Shin Aito ku Maru）号油轮，新爱德丸号油轮装有两个
高12.15m、宽8m的风帆，之后又建造了扇蓉丸、日产丸等机动风帆货船。1984年，设计和建
造了26000t的臼杵先锋丸（Usuki Pioneer）和另一艘31000t的现代风帆助航远洋货轮。

1980 年，巴黎 Pierre 和 Marie Curie 大学和 Cousteau 本部研究小组利用空气动力学方面的知识，发明了船用涡轮帆。1994 年 Aghia Marina 号干散货船安装了全球最大的风帆。Aghia Marina 号干散货船长 170m，航速 14 节（1 节 = 1nmile/h = 1852m/h），通常运输工业和农业原材料等货物，可一次运输大约 28500t 干散货，成为采用德国 SkySails 风能技术的最大船只。1998 年日本邮船株式会社在营运的大型远洋煤炭专用船上应用风力发电。据统计每往返一次，大约平均每天可以节省燃油 130kg。2000 年澳大利亚开发出世界第一艘商用的太阳能和风能混合动力双体客船，该船是一种既可将太阳能和风能单独作为动力，又可将太阳能和风能合二为一作为动力的新型船舶。2003 年 10 月

图 4-17　风帆助航

15 日，日本游船公司同东海大学等联合开发出船用的风力发电机。2007 年 12 月 15 日全球第一艘用风筝拉动的货轮白鲸天帆号（Beluga Sky Sails）由德国汉堡市起航。2012 年，世界最大海上风力发电机安装船在哥本哈根交付使用。由我国江苏南通中远船务建造的世界第三代风电安装船——海上安装者号也从码头起航，奔赴丹麦海域进行施工作业。

世界各国在风帆助航方面都有很多的研究，各国都有实船在运行。丹麦、德国、美国、日本及澳大利亚等国将风能作为船舶推进能源在船舶上的应用都做了研究和实船尝试。有研究学者认为，利用风力装置推动船只航行可节省 30% ~ 40% 的燃料费用。

日本在大型远洋船上应用风能发电系统的可能性展开了多项比较深入的研究评价工作，并已取得了很大成功，获得了不少专利。到 2004 年，日本已有 14 艘以风作为辅助动力的船只航行在海上，它们的耗油量仅为普通机动船的 75%。

2011 年日本福冈的生态船舶动力公司（EMP）已经开始详细设计其水瓶座系统（Aquarius System）风能和太阳能帆板。这种帆板将用来收集风能和太阳能，然后用来为船舶提供动力，以便减少燃油消耗和温室气体排放。这种坚固的风能和太阳能帆板将有助于船舶在海上、港口或抛锚时利用可再生能源。

日本的每张帆板都将通过日本大阪 KEI 系统有限公司开发的计算机控制系统定位。在这些帆板不用时，可以收拢和贮存起来。在风况不利时，可通过调节这些帆板的定位达到减少风阻力的目的，不过仍能够收集太阳能。

日本生态船舶动力公司深信，水瓶座系统风能和太阳能帆板将给航运公司带来引人注目的回报。这种帆板可在不对各种类型的船舶进行重新设计的情况下使用。

风能驱动船是一种利用风力发电实现驱动的船舶。它的结构要点是船上的动力系统，由风力发电机、与发电机相连的变压器及与变压器输出端连接的电动机组成，利用风力发电使电动机运转，并以此产生的动力推动船只行驶。随着低碳、节能和环保理念的推广及相关技术的成熟，风能驱动技术已能够在内河、沿海的小型船舶中推广应用。风力发电驱动船的结构如图 4-18 所示。

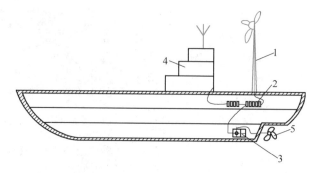

图4-18　风力发电驱动船结构图

1—风力发电机　2—变压器　3—电动机　4—舰桥　5—推进器

2. 我国风能驱动船的应用

我国长江航运集团的"长轮29004囤船"装备了自主研发制造的风力发电机应用系统，并圆满试运行成功。该船设计的风力发电机装机容量为20kW，按照最长5天无风日计算，均能满足全船的日常生活需要，体现了超低风速运行的特性；当风速在2m/s的情况下即开始发电，并能满足220/380V船载设备的正常用电，系统全部采用数字化全自动控制。为了保证系统稳定和运行安全，实现智能化管理和控制，该项目攻克了数十项技术难题，保证了在全天候气候条件下的安全运行。液压塔架自动起降，方便了安装和维修，解决了船载设备的后顾之忧且降低了建造成本。

目前，上海长江沿线港口的1800余条趸船全部改用风力发电，每年将节约31320t柴油，相当于46197t标准煤。

随着柴油的紧缺、油价的上涨，我国内河运河内许多驳船也都改装为风力发电驱动，就是安装一种带着螺旋桨的风力发电机。由于船舶在航行途中通过风力可带动风力发电设备上的螺旋桨，此时可直接给蓄电池充电。船舶在停泊中，一般风力只要达到三四级，也可以给蓄电池充电。每条驳船一个航次需充电两次，在正常情况下，航行途中给蓄电池充电后，还能基本满足船舶装卸时的用电需求。

第六节　风力发电的现状与展望

随着世界能源的日趋匮乏和科学技术的飞速发展，加之对环境保护的要求，人们正在努力寻找一种能替代石油、天然气等能源的可再生、环保和洁净的绿色能源。

风能是当前最有发展前景的一种新型能源，它是一种取之不尽、用之不竭的能源，还是一种洁净、无污染、可再生的绿色能源。从风车到风力发电都证明了文明和科学的进步。

国际绿色和平组织和欧洲风能协会于2002年提出了《风力12》报告，报告中指出：到2020年，世界风力发电将达到世界电力总需求量的12%。风力发电与火力发电及水力发电相比较，具有单机容量小、可分散建设等优点。随着国家对能源需求和环保要求力度的不断加大，风力发电的经济性、实用性等优点也必将显现出来。

一、我国风力发电的发展现状

"十二五"期间，全国风电装机规模快速增长，开发布局不断优化，技术水平显著提升，政策体系逐步完善，风电已经从补充能源进入到替代能源的发展阶段，突出表现为：

1）风电成为我国新增电力装机的重要组成部分。"十二五"期间，我国风电新增装机容量连续五年领跑全球，累计新增9800万kW，占同期全国新增装机总量的18%，在电源结构中的比重逐年提高。中东部和南方地区的风电开发建设取得积极成效。到2015年底，全国风电并网装机达到1.29亿kW，年发电量1863亿kW·h，占全国总发电量的3.3%，比2010年提高2.1个百分点。风电已成为我国继煤电、水电之后的第三大电源。

2）产业技术水平显著提升。风电全产业链基本实现国产化，产业集中度不断提高，多家企业跻身全球前10名。风电设备的技术水平和可靠性不断提高，基本达到世界先进水平，在满足国内市场的同时出口到28个国家和地区。风电机组高海拔、低温、冰冻等特殊环境的适应性和并网友好性显著提升，低风速风电开发的技术经济性明显增强，全国风电技术可开发资源量大幅增加。

3）行业管理和政策体系逐步完善。"十二五"期间，我国建立了较为完善的促进风电产业发展的行业管理和政策体系，出台了风电项目开发、建设、并网、运行管理及信息监管等各关键环节的管理规定和技术要求，简化了风电开发建设管理流程，完善了风电技术标准体系，开展了风电设备整机及关键零部件型式认证，建立了风电产业信息监测和评价体系，基本形成了规范、公平、完善的风电行业政策环境，保障了风电产业的持续健康发展。

二、国外风力发电的发展状况

随着世界各国对能源安全、生态环境、气候变化等问题日益重视，加快发展风电已成为国际社会推动能源转型发展、应对全球气候变化的普遍共识和一致行动。

1）风电已在全球范围内实现规模化应用。风电作为应用最广泛和发展最快的新能源发电技术，已在全球范围内实现大规模开发应用。到2015年底，全球风电累计装机容量达4.32亿kW，遍布100多个国家和地区。"十二五"时期，全球风电装机容量新增2.38亿kW，年均增长17%，是装机容量增幅最大的新能源发电技术。

2）风电已成为部分国家新增电力供应的重要组成部分。2000年以来风电占欧洲新增装机容量的30%，2007年以来风电占美国新增装机容量的33%。2015年，风电在丹麦、西班牙和德国用电量中的占比分别达到42%、19%和13%。随着全球发展可再生能源的共识不断增强，风电在未来能源电力系统中将发挥更加重要作用。美国提出到2030年20%的用电量由风电供应，丹麦、德国等国把开发风电作为实现2050年高比例可再生能源发展目标的核心措施。

3）风电开发利用的经济性显著提升。随着全球范围内风电开发利用技术不断进步及应用，成本在过去五年下降了约30%。巴西、南非、埃及等国家的风电招标电价已低于当地传统化石能源上网电价，美国风电长期协议价格已下降到化石能源电价同等水平，风电开始逐步显现出较强的经济性。

三、我国风力发电的发展前景

风能作为一种清洁的可再生能源，越来越受到世界各国的重视。其蕴藏量巨大，全球风能资源总量约为2.74×10^9MW，其中可利用的风能为2×10^7MW。

从自然环境来看，我国居于非常有利的优势地位。我国地域广阔、海岸线长、风力资源十分丰富。据统计，全国平均风能密度大约为100W/m²，风能总量为3226GW，其中可供开发利用的陆上风能总量大约为 253GW。在我国东南沿海及附近岛屿、内蒙古和河西走廊，以及我国东北、西北、华北、海南及青藏高原等部分地区，每年的年平均风速在 3m/s 以上的时间近 4000h，一些地区的年平均风速可达 6~7m/s 以上，因而对于风力发电来说，具有很大的开发价值和广阔的利用空间。

1. 利用风能发电的优越性

利用风能资源发电，具有良好的发展前景和其他能源无可比拟的优越性。首先，风力发电是一种干净无污染的可再生自然资源，取之不尽，用之不竭，没有利用常规能源发电（煤电、油电、核电）会造成环境污染的问题。其次，风电技术日趋成熟，产品质量可靠，能源可用率达 95% 以上，风力发电的经济性日益提高。另外，风力发电场建设工期短，单台机组安装方便，易操作。

随着世界经济的发展，风能市场也迅速发展起来。

世界风电设备制造商和开发商都十分看好我国的风电市场。无论从我国风能资源和能源需求来看，还是从保护环境角度出发，我国都应加快风电技术和产业的发展。通过大规模的风电开发和建设，促进风电技术进步和产业发展，实现风电设备制造自主化，尽快使风电具有市场竞争力。在经济发达的沿海地区，发挥其经济优势，在"三北"（西北、华北北部和东北）地区发挥其资源优势，建设大型和特大型风电场，在其他地区，因地制宜地发展中小型风电场，充分利用各地的风能资源。

风电发展到目前阶段，其性价比正在形成与煤电、水电的竞争优势。综合风电场的风力资源、规模、运行维护成本和融资因素（如贷款利率、偿还期等），目前在较好的风场，风力发电的成本约为 5 美分/（kW·h），已具备与火电竞争的能力。近几年世界风电增长一直保持在 30% 以上。随着我国风电装机的国产化和发电的规模化，风电成本可望再降，我国风力发电事业将持续高速发展。

2. 当前我国风电发展亟待解决的问题

当前，我国的风力发电仍然面临许多难题，主要体现在：成本和上网电价比较高、电网制约、风电设备生产本地化等方面。由于国家和企业投入的资金较少，自主研发力量严重不足，缺乏基础研究积累和人才，我国在风力发电机组的研发能力上还有待提高。我国风电处于发展阶段，国家提供的支持政策还不甚完善，国家政策、经济因素等各方面的限制使风力发电还难以进入商业化、产业化发展轨道。要加快风电发展，国家不仅要出台保护政策，还要鼓励竞争，在产业化发展过程中也要给予大力支持。目前，我国已着手进行推动风力发电的商业化操作。

风力发电具有能保证能源的有序利用，能战胜全球气候变化，有利于全球的环境资源保护等优点。通过对我国风能资源及利用状况的调查，我国的风能开发和利用已经进入一个崭新时期，尤其是小型风机的生产和应用已经相当广泛，效果也非常不错，并且前景非常广阔。我们要充分有效地利用风能这种可再生、无污染、环保洁净的自然资源，通过致力于风力发电的技术创新与科研开发，使我国的风力发电得到长足发展，使风电在我国得到更加广泛应用。

为实现 2020 年和 2030 年非化石能源占一次能源消费比重 15% 和 20% 的目标，促进能源转型，我国必须加快推动风电等可再生能源产业发展。但随着应用规模的不断扩大，风电发展也面临不少新的挑战，突出表现为：

1）现有电力运行管理机制不适应大规模风电并网的需要。我国大量煤电机组发电计划和开机方式的核定不科学，辅助服务激励政策不到位，省间联络线计划制定和考核机制不合理，跨省区补偿调节能力不能充分发挥，需求侧响应能力受到刚性电价政策的制约，多种因素导致系统消纳风电等新能源的能力未有效挖掘，局部地区风电消纳受限问题突出。

2）经济性仍是制约风电发展的重要因素。与传统的化石能源电力相比，风电的发电成本仍比较高，补贴需求和政策依赖性较强，行业发展受政策变动影响较大。同时，反映化石能源环境成本的价格和税收机制尚未建立，风电等清洁能源的环境效益无法得到体现。

3）支持风电发展的政策和市场环境尚需进一步完善。风电开发地方保护问题较为突出，部分地区对风电"重建设、轻利用"，对优先发展可再生能源的政策落实不到位。设备质量管理体系尚不完善，产业优胜劣汰机制尚未建立，产业集中度有待进一步提高，低水平设备仍占较大市场份额。

思 考 题

1. 何为风能？风能可用什么来描述？
2. 我国最大的风能区是指哪些区域？
3. 什么是风的特性参数？
4. 风能资源丰富区的主要指标有哪些？
5. 风电场选址的基本步骤有哪两个？
6. 风电场选址的技术的标准有哪些？
7. 当前世界上风能利用激增的原因是什么？
8. 目前我国开发利用风能资源，建大型风电场的有利条件有哪些？
9. 为什么说内蒙古是我国北部地区极具有风能发电开发价值的区域？
10. 风力发电机组变转速运行（相对于恒转速运行）有哪些优点？

第五章 水能与海洋能及其利用

第一节 水能概述

水能是一种可再生能源，也称为水力能，是指水体的动能、势能和压力能等能量资源。水力发电是指运用水的动能、势能或压力能转换成电能来发电的方式。广义的水能资源包括河流水能、潮汐水能、波浪能及海流能等能量资源；狭义的水能资源指河流的水能资源。水能是常规能源，也是一次能源，还是一种廉价的能源，而且是干净的能源。

一、水能利用进展

1. 水能的形成

水的落差在重力作用下形成动能，从河流或水库等水源的高位处向低位处引水，利用水的压力或者流速冲击水轮机，使之旋转，从而将水能转换为机械能，然后再由水轮机带动发电机旋转，切割磁力线产生交流电，这就是水力发电。

水不仅可以直接被人类利用，它还是能量的载体。太阳能驱动地球上的水循环，使水循环持续进行。地表水的流动是水循环中重要的一环，在落差大、流量大的地区，水能资源丰富。随着矿物燃料的日渐减少，水能将是一种非常重要且前景广阔的替代资源。河流、潮汐、波浪以及涌浪等水运动均可以用来发电。

2. 水能的计算

河川径流蕴藏着一定的水能。现代的水能利用，主要是利用水能进行发电，也就是水力发电。水电站的产品是电能，出力和发电量是水电站的两个重要的动能指标。出力即水电站在某一运行条件下所发出的功率，确定水电站的出力和发电量这两个动能指标的计算称为水能计算。

水电站在不同的运行方式下，其出力及发电量不同，产生的效益也不同。这个时候，进行水能计算的目的主要是为了确定水电站在电力系统中最有利的运行方案。

按照水流能量的有关因素，考虑能量转换当中发生的损失，就可以推出水能计算的基本公式，即

$$N = 9.81 \eta Q_{电} H_{净}$$

式中，N 为水电站的出力（kW），它是水电站所有水轮发电机组功率的总和；η 为水电站的效率系数，水电站发电过程中利用能量转换装置将水能转换为机械能，再转换为电能，实现能量转换过程中会有一部分能量损失，η 表示总效率系数；$Q_{电}$ 为发电引用流量（m^3/s），又称为水电站工作流量，是指水电站单位时间内通过建筑物和水轮机用来发电的水量；$H_{净}$ 为水电站净水头（m），即上下水位的垂直高度。

3. 我国水力资源的特点

由于气候和地形地势等因素的影响，我国的水能资源在不同地区和不同流域的分布很不均匀。我国水能资源的突出特点是河流的河道陡峻，落差巨大，发源于"世界屋脊"青藏高原的大河流长江、黄河、雅鲁藏布江、澜沧江及怒江等，天然落差都高达 5000m 左右，形成了一系列世界上落差最大的河流，这是其他国家所没有的。只有了解我国水能资源的特点，才能在开发过程中因地制宜，合理充分地利用水能资源。

（1）数量特点　我国水力资源总量居世界首位，但人均占有量较低。最新综合评估显示，我国水能资源理论蕴藏量近 7 亿 kW，占常规能源资源量的 40%。其中，经济可开发容量近 4 亿 kW，年发电量约为 1.7 亿 kW·h。但是，目前我国水能开发利用量约占可开发量的 1/4，低于发达国家 60% ~ 70% 的平均水平。

（2）分布特点　水力资源在自然界中具有一定的时间和空间分布。我国水力资源在区域上分布不均匀，与经济发展不匹配。我国水力资源西部多、东部少，相对集中在西南地区，而经济发达、能源需求大的东部地区水力资源极少。总的说来，我国水力资源西多东少；沿海多，内陆少；山区多，平原少。在同一地区中，不同时间分布差异性很大，一般夏多冬少。

1）空间分布。受季风气候的影响，我国水力资源的空间分布极不均匀，总体上由东南沿海向西北内陆逐渐减少，北方地区水力资源贫乏，南方地区水力资源相对丰富。长江流域及其以南地区的水力资源约占全国水力资源总量的 80%，黄、淮、海流域的水力资源只有全国的 8%。我国水能主要分布在西南和西藏地区，长江水系水能最丰富，其次是雅鲁藏布江水系。另外，黄河和珠江水系水能也较多。这些水系河流的上游河段，流经我国地势变化剧烈的地区，而且水量又比较丰富，因此这些河段水能很丰富。

2）时间分布。从时间分配来看，我国大部分地区冬、春少雨，夏、秋雨量充沛，降水大都集中在 5 ~ 9 月，占全年降雨量的 70% 以上。黄河和松花江等流域，近 70 年来还出现连续 11 ~ 13 年的枯水年和 7 ~ 9 年的丰水年。

（3）质量特点　我国大多数河流年内、年际径流分布不均，丰、枯季节流量相差悬殊，调节困难，水电的总体电能质量较差，造成了水电比重较大的电力系统在汛期水电电能多、弃水电量较大，而枯水期水电电能少，需要其他电源补充，影响了系统运行的经济性。另外，我国的水力资源开发大都受综合利用的限制，这些限制也影响了发电质量。

二、水力发电的特点

水力发电是当今可再生能源发电技术中最成熟、最具有大规模开发条件和商业化前景的发电方式，水力发电已经成为我国最重要的可再生能源之一，在 2050 年以前仍将是可再生能源发展的重要领域。水力发电对环境冲击较小，发电效率高达 90% 以上，发电成本低，起动快，数分钟内就可以完成发电，调节容易，单位输出电力成本最低。水力发电可以带动整体的经济发展。

1. 水力发电的优势

（1）清洁电能　水力发电是利用水的势能发电而获得的可直接使用的能源。水力发电完全是一个物理过程，不污染水资源，不释放废气，也不排放固体废物；又因发电过程不消耗水，因而它又是可再生的能源。通过发展水电可以减少煤炭消耗，可以减少与煤炭发电伴生

的 SO_2、氮氧化物等有害气体和温室气体 CO_2 的排放。仅 2017 年，全国水电年发电量就已达到 11945 亿 $kW \cdot h$，相当于节约标准煤 4 亿 t，可减少 12 亿 t CO_2 排放和 764 万 t SO_2 排放。我国水电的发展，大规模地替代了化石能源，减轻了煤炭、石油的大量消耗及给环境造成的污染压力和温室气体效应，水力发电已成为我国实现节能减排目标的生力军。随着水电开发力度的不断加大，水电对节能减排的贡献也会越来越大。

（2）发电成本低　水力发电只是利用水流所携带的能量，无需再消耗其他动力资源。而且上一级电站使用过的水流仍可被下一级电站利用。另外，由于水电站的设备比较简单，其检修、维护费用也较同容量的火电厂低得多。尽管水电开发前期资金投入巨大、回报期长，但水电开发总体成本相对较低，建成后运行稳定、供电价格低廉。因此，水电可以源源不断地提供清洁、优质、廉价的电能，满足全社会日益增长的用电需求，而且缓解了用能紧张，为国民经济发展和社会进步做出了巨大贡献。

（3）高效而灵活　水力发电的主要动力设备是水轮发电机组，它不仅效率较高，而且起动、操作灵活，可以在几分钟内从静止状态迅速起动投入运行，在几秒钟内完成增减负荷的任务，能很好地适应电力负荷变化的需要，而且不会造成能源损失。因此，利用水电承担电力系统的调峰、调频、负荷备用和事故备用等任务，可以提高整个系统的经济效益。

（4）发挥综合效益　由于筑坝拦水形成了水面辽阔的人工湖泊，控制了水流。因此水电开发不仅能够产生发电效益，而且具有开发性移民、防洪、灌溉、航运、供水、养殖、旅游、拦沙、改善水质、改善区域气候、加强水土保持及改善生态环境等综合效益，还能带动当地基础设施建设、建材、加工、运输、餐饮及服务等多种产业的发展，提供新的就业机会，带动地方经济发展，增加地方税收收入。

2. 水力发电所带来的环境影响

水力发电所带来的不利方面有水能分布受水文、气候及地貌等自然条件的限制大，水容易受到污染，也容易被地形、气候等多方面的因素所影响。

（1）自然方面　巨大的水库可能引起地表的活动，甚至诱发地震。此外，还会引起流域水文上的改变，如下游水位降低或来自上游的泥沙减少等。水库建成后，由于蒸发量大，气候凉爽且较稳定，会使降雨量减少。

（2）生物方面　对陆生动物而言，水库建成后，可能会造成大量的野生动植物被淹没死亡，甚至全部灭绝。对水生动物而言，水库建成后，由于上游生态环境的改变，会使鱼类受到影响，导致种群数量减少或灭绝。同时，由于上游水域面积的扩大，使某些生物（如钉螺）的栖息地点增加，为一些地区性疾病（如血吸虫病）的蔓延创造了条件。

（3）物理化学性质方面　流入和流出水库的水在颜色和气味等物理化学性质方面会发生改变，而且水库中各层水的密度、温度，甚至溶解度等都有所不同。深层水的水温低，沉积库底的有机物不能充分氧化而处于厌氧分解状态，导致水体的二氧化碳含量明显增加。

三、水力发电的发展现状和展望

1. 水力发电发展现状

根据国际水力发电协会的统计资料表明，全世界水力发电理论蕴藏量约为 $4 \times 10^7 GW \cdot h$，技术可开发量约为 $1.5 \times 10^7 GW \cdot h$，经济可开发量约为 $0.88 \times 10^7 GW \cdot h$。我国大陆部分水力发电的理论蕴藏装机容量为 594.4GW，其中技术可开发容量为 541.6GW，经济可开发量容量为 448GW，发电量为 $1.753 \times 10^6 GW \cdot h$，列世界各国之冠。

（1）国外水力发电发展现状　2017 年，全球新增水电装机容量为 21.9GW，其中包括抽水蓄能新增装机量 3.2GW。全球水电装机量达到 1267GW，可生产 4185TW·h 的清洁电力，占可再生能源发电总量的三分之二，能够满足全球七分之一人口用电。

水电是世界上最大的可再生能源发电来源，水电发电量占全球各类能源发电比例的 16.6%，超过风能、太阳能、生物质能等其他可再生能源发电量的总和。作为世界上最大的清洁能源发电来源，水电是其他可再生能源的推动者，同时水力发电也为管理水资源和缓解气候变化提供重要服务。

2017 年东亚和太平洋地区再次成为水电装机容量年增长率最高的地区，新增装机容量为 9778MW，本地区水电总装机容量达到 468.3GW，其中超过 90% 新增装机容量来自中国，2017 年中国地区水电新增装机容量为 9070MW。

南美洲地区 2017 年新增水电装机容量为 4069MW，总装机容量达到 167GW。该地区巴西新增装机容量最高，为 3380MW。

南亚和中亚地区 2017 年新增装机容量为 3264MW，其中一半以上项目在印度投产，南亚和中亚地区总装机容量达到 144.7GW。

此外，欧洲、非洲及北美洲三个地区 2017 年新增水电装机容量分别为 2307MW、1924MW、506MW。

从水电装机容量来看，2017 年全球水电装机容量为 1267GW，中国水电装机规模全球排名第一，水力发电的装机容量占全球总装机容量的比重为 26.91%；其次为美国，水电装机容量为 103GW，占全球装机总量的 8.13%。

从水电发电量来看，全球主要国家中，中国水电发电量为 1194.5TW·h，占全球水电总发电量的 28.5%，排名第一；其次为加拿大，2017 年水电总发电量为 403.35TW·h；巴西水电发电量为 401.06TW·h，紧随其后。

（2）我国水力发电发展现状　中华人民共和国成立以来，我国的水电建设从小到大，从弱到强不断发展壮大。改革开放以来，水电建设更是迅猛发展，工程规模不断扩大。20 世纪 50 年代至 60 年代初，主要修复丰满大坝等小型工程。60 年代中期到 70 年代末这段时期内开工的有龚嘴、映秀湾、乌江渡、碧口、凤滩、龙羊峡、白山及大化等工程。70 年代初第一座装机容量超过 1000MW 的刘家峡水电站投产。80 年代容量为 2715MW 的葛洲坝水电站建成，之后一系列大型水电站相继建设，容量 18200MW 的三峡工程也于 1994 年正式开工。2004 年，以公伯峡 1 号机组投产为标志，我国水电装机容量突破 1 亿 kW，超过美国成为世界水电第一大国。溪洛渡、向家坝、小湾、拉西瓦等一大批巨型水电站相继开工建设。

2014 年底，我国水电装机总容量为 30183 万 kW，同比增长 7.9%；2015 年底，我国水电装机总容量为 31937 万 kW，同比增长 4.9%；2016 年底，水电装机总容量约 33211 万 kW，同比增长 3.9%。2018 年中国水电装机总容量达到 3.66 亿 kW，未来五年年均复合增长率约为 4.65%，2022 年中国水电装机总容量将达到 4.39 亿 kW。

借助"一带一路"良好机遇，我国水电企业"走出去"步伐不断加快，海外投资水电项目的成绩值得期待。目前，中国水电装机容量和年发电量均居世界首位。中国水电工程技术居世界先进水平，已攻克多项世界级技术难题，并与 80 多个国家建立长期合作关系，中国水电"名片"震撼世界。总的来说，我国水力发展现状如下。

1) 我国水能资源丰富，水能蕴藏量居世界第一，但分布不均。我国水能资源西多东少，大部集中于西部和中部。在全国可能开发水能资源中，东部的华东、东北、华北三大区共仅占 6.8%，中南 5 地区占 15.5%，西北地区占 9.9%，西南地区占 67.8%（其中，除西藏外，川、云、贵三省占全国水能资源的 50.7%）。

2) 我国大型水电站比重大，且分布集中。各省（区）单站装机 10MW 以上的大型水电站有 203 座，其装机容量和年发电量占总数的 80% 左右；而且，70% 以上的大型水电站集中分布在西南四省。

3) 资源的开发和研究程度较低。目前已开发资源仅为 15% 左右。

4) 我国气候受季风影响，降水和径流在年内分配不均。夏秋季 4 ~ 5 个月的径流量占全年的 60% ~ 70%，冬季径流量很少，因而水电站的季节性电能较多。为了有效利用水能资源和较好地满足用电要求，应建立水库调节径流。

5) 我国地少人多，建水库往往受淹没损失的限制，而在深山峡谷河流中建水库，虽可减少淹没损失，但需建高坝，工程较艰巨。

6) 我国大部分河流，特别是中下游，往往有防洪、灌溉、航运、供水、水产及旅游等综合利用要求。在水能开发时需要全部规划，使整个国民经济得到最大的综合经济效益和社会效益。

由此可以看出，我国水能利用的潜力很大，在水能资源丰富地区，已规划建设若干个大型水电基地。由于水电工程一般是综合开发利用项目，除发电外，兼有防洪、灌溉、供水、航运、养殖及旅游等社会效益，因此优先开发水能资源仍是我国乃至世界能源政策的主要目标。但从我国水能资源的特点出发，小型水电已成为我国发展水能的一个重要选择。

2. 未来我国水电发展展望

整个 20 世纪，人类已经消耗了 1420 亿 t 石油、2650 亿 t 煤。所以，要实现人类社会的可持续发展，必须要将世界的能源结构尽快转变到以可再生能源为主上。可再生能源与矿产资源有着本质的不同，它是时间的变量，利用的时间越长资源量越多。但是，它也不能保存，不管你是否利用它，它都将随时间消逝。所以，优先开发使用可再生能源就是最大的节能和开发资源。尽管风能、太阳能发电技术具有更广阔的发展前景，但是，按照现有的技术水平，风能和太阳能等其他可再生能源发电技术还不能满足大规模的社会需求。当前，全世界大约 20% 的电力来自水电，而其他可再生能源的发电比重还很小。水电是目前技术比较成熟、可以进行大规模开发的可再生能源。

我国是一个水资源大国，水力资源极为丰富，水能将会成为我国能源工业的可持续发展新领域，同时也承担着减排重任。随着科学技术的不断发展，水力发电的经济性将逐渐体现出其优势，利用环境友好型的水能是任何其他能源所不可比拟的。

根据《水电发展"十三五"规划》，未来我国水电大型基地建设趋势如下：基本建成六大水电基地。继续推进雅砻江两河口、大渡河双江口等水电站建设，增加"西电东送"规模，开工建设雅砻江卡拉、大渡河金川、黄河玛尔挡等水电站。加强跨省界河水电开发利益协调，继续推进乌东德水电站建设，开工建设金沙江白鹤滩等水电站。加快金沙江中游龙头水库研究论证，积极推动龙盘水电站建设。基本建成长江上游、黄河上游、乌江、南盘江红水河、雅砻江、大渡河六大水电基地，总规模超过 1 亿 kW。

着力打造藏东南"西电东送"接续能源基地。开工建设金沙江上游叶巴滩、巴塘、拉哇等项目，加快推进金沙江上游旭龙、奔子栏水电站前期工作，力争尽早开工建设，努力打造金沙江上游等"西电东送"接续能源基地。

配套建设水电基地外送通道。做好电网与电源发展合理衔接，完善水电市场消纳协调机制，按照全国电力统一优化配置原则，落实西南水电消纳市场，着力解决水电弃水问题。加强西南水电基地外送通道规划论证，加快配套送出工程建设，建成投产金中至广西、滇西北至广东、四川水电外送、乌东德送电广东广西等输电通道，开工建设白鹤滩水电站外送输电通道，积极推进金沙江上游等水电基地外送输电通道论证和建设。

为了落实生态文明建设要求，统筹全流域、干支流开发与保护工作，按照流域内干流开发优先、支流保护优先的原则，严格控制中小流域、中小水电开发，保留流域必要生境，维护流域生态健康。水能资源丰富、开发潜力大的西部地区，重点开发资源集中、环境影响较小的大型河流、重点河段和重大水电基地，严格控制中小水电开发；开发程度较高的东、中部地区，原则上不再开发中小水电。弃水严重的四川、云南两省，除水电扶贫工程外，"十三五"期间暂停小水电和无调节性能的中型水电开发。

我国水力资源开发应统筹全局，在保护环境和生态平衡的基础上科学合理规划，依靠科技创新和科技进步推进水力开发产业的发展。各国的经验证明，开展水力资源的综合利用，不仅是降低发电综合成本的有效途径，也有利于改善自然、社会和经济环境，促进经济社会的发展和居民生活质量的提高。水力开发利用可带动周边经济、旅游、养殖、工业的发展以及人员就业，全面推动低碳经济的发展，水力资源是未来能源持续发展中的一个重要组成部分，它将会给人类社会的进步以及经济发展做出更大的贡献。

第二节　水力发电

一、水力发电的原理与流程

水力发电是利用河川、湖泊等位于高处具有势能的水流至低处，将其中所含的势能转换成水轮机的动能，即利用流水量及落差来转动水轮机的水涡轮，再借水轮机为原动机，推动发电机产生电能。科学家们以水位落差的天然条件，有效地利用流力工程及机械物理等，精心搭配以达到最高的发电量，供人们使用廉价而无污染的电能。因水力发电厂所发出的电力电压低，要输送到远距离的用户，必须将电压经过变压器提高后，再由架空输电线路输送到用户集中区的变电所，再次降低为适合家庭用户、工厂用电设备所适合的电压，并由配电线路输送到各工厂及家庭用户。水力发电原理示意图如图 5-1 所示。

水力发电实际上是利用河流中蕴藏的水能来生产电能。在天然河流上，修建水工建筑物，集中水头，通过一定方式将"载能水"输送到水轮机中，水力发电过程为天然水能→可利用水能→旋转机械能→带动发电机组旋转切割磁力线→电

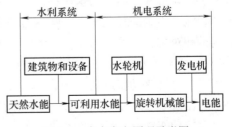

图 5-1　水力发电原理示意图

能→输电线路→用户。

水电站就是为实现上述能量的连续转换而修建的水工建筑物及其所安装的水力发电设备和附属设备的总体。水电站示意图如图 5-2 所示。

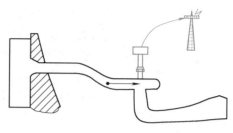

图 5-2　水电站示意图

二、水能资源的开发方式及水电站的基本类型

1. 水能资源的开发方式

（1）坝式开发　坝式开发即在河流峡谷处拦河筑坝，坝前壅水，在坝址处集中落差形成水头。其优点是筑坝形成水库、可调节流量、电站引用流量大且水能利用程度较充分；缺点是水头受坝高限制、建坝工程量大、投资大及工期长。坝式开发适用于河道坡降较缓，流量较大，有筑坝建库条件的河段。

（2）引水式开发　引水式开发是在河流坡降较陡的河段上游，通过人工建造的引水道引水到河段下游集中落差，再经压力管道引水至厂房。其优点是形成水头较高、无水库，不会造成淹没、工程量小且单位造价较低；缺点是水量利用率及综合利用价值较低，装机规模相对坝式开发要小。引水式开发适用于河道坡降较大、流量较小的山区河段。

（3）混合式开发　混合式开发就是同时采用水坝和引水道共同集中落差形成水头的开发方式。

2. 水电站的基本类型

按水头大小的不同可分为高水头、中水头和低水头水电站。我国通常称水头大于 70m 为高水头水电站，低于 30m 为低水头水电站，30～70m 为中水头水电站。

按水电站装机容量大小的不同可分为大型、中型和小型水电站。一般将装机容量在 5000kW 以下的称为小型水电站，5000kW～10 万 kW 的称为中型水电站，10 万 kW 及以上的称为大型水电站或巨型水电站。但统计上常将 1.2 万 kW 以下的作为小型水电站。

按开发方式的不同可分为坝式水电站、引水式水电站、混合式水电站及抽水蓄能式水电站四种基本类型。

（1）坝式水电站　坝式水电站是用坝集中水头的水电站。是由河道上的挡水建筑物抬高水位而集中发电水头的水电站。坝式水电站由挡水建筑物、泄水建筑物、压力管道、厂房及机电设备等组成。由坝作为挡水建筑物时多为中高水头水电站，由闸作为挡水建筑物时多为低水头水电站。坝式水电站适宜建在河道坡降较缓且流量较大的河段。由挡水建筑物形成的水库常可调节径流，其调节能力取决于调节库容与入库径流比值的大小。不少坝式水电站具有多年调节和年调节的水库，也有的坝式水电站水库容积很小，只能进行日调节甚至不能调节径流。不调节径流的水电站称为径流式水电站。按照水电站主要建筑物拦河坝与水电站厂房的相对位置，可分为坝后式和河床式两大类。

1）坝后式水电站。当水头较大时，厂房本身抵抗不了水的推力，将厂房移到坝后，由大坝挡水，这就是坝后式水电站。坝后式水电站一般修建在河流的中上游，因为河流中上游一般为山区峡谷地段，允许有一定程度的淹没，故可建高坝，此时集中的水头较大，库容较大，调节性能好。坝后式水电站示意图如图 5-3 所示，万家寨水电站就是坝后式水电站，如图 5-4 所示。

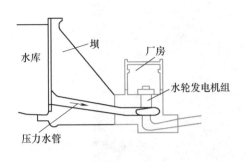

图 5-3 坝后式水电站示意图

图 5-4 万家寨水电站

举世瞩目的三峡水电站也是坝后式水电站,其装机容量为 1820 万 kW,如图 5-5 所示。

图 5-5 三峡水电站

2)河床式水电站。当水头不高且河道较宽阔时,可用厂房作为挡水建筑物的一部分,这类水电站称为河床式水电站。河床式水电站一般修建在河道中下游纵坡平缓的河段上,为避免大量淹没,建低坝或闸。厂房和坝(闸)一起建在河床上,厂房本身承受上游水压力,成为挡水建筑物的一部分。河床式水电站引用流量大、水头低,水轮机多采用钢筋混凝土蜗壳。河床式水电站原理如图 5-6 所示。富春江河床式水电站如图 5-7 所示,葛洲坝河床式水电站如图 5-8 所示。

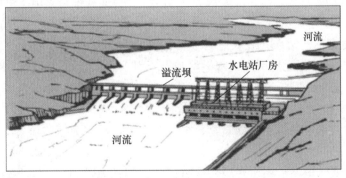

图 5-6 河床式水电站原理图

图 5-7　富春江河床式水电站

图 5-8　葛洲坝河床式水电站

（2）引水式水电站　用引水道集中水头的电站称为引水式水电站。引水式水电站是在河流坡降较陡、落差比较集中的河段，以及河湾或相邻两河河床相差较大的地方，利用坡降平缓的引水道引水而与天然水面形成符合要求的落差（水头）发电的水电站。

引水式水电站的装机容量主要取决于水头和流量的大小。山区河流的特点是流量不大，但天然河道的落差一般较大，这样，发电水头就可通过修造引水明渠或引水隧洞来取得，适合于修建引水式水电站。

世界上已建成的引水式水电站最大水头达 1767m（奥地利赖瑟克山水电站）；引水道最长的达 39km（挪威考伯尔夫水电站）。我国已建成的引水式水电站最大水头为 1175m（四川省凉山彝族自治州昭觉县苏巴姑水电站）；引水隧洞最长的为 8601m（四川省渔子溪一级水电站）。

引水式水电站可分为无压引水式水电站和有压引水式水电站。无压引水式水电站的引水道为明渠、无压隧洞及渡槽等。有压引水式水电站的引水道一般多为压力隧洞、压力管道等。

1）无压引水式水电站。引水建筑物是无压的，如明渠、无压隧洞等。无压引水式水电站如图 5-9 所示。

2）有压引水式水电站。引水建筑物是有压的，即压力隧洞等。主要建筑物有低坝、压力隧洞、调压室、压力水管、厂房及尾水渠等。有压引水式水电站如图 5-10 所示。

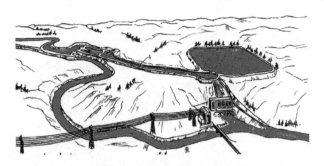

图 5-9　无压引水式水电站

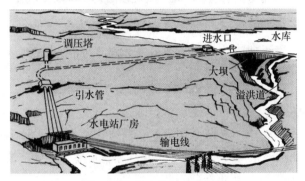

图 5-10　有压引水式水电站

（3）混合式水电站　混合式水电站的水头一部分由坝集中，一部分由引水建筑物集中。

（4）抽水蓄能式水电站　抽水蓄能式水电站是当系统负荷低时，利用系统多余的电能带动泵站机组将下库的水抽到上库（电动机＋水泵），以水的势能形式贮存起来；当系统负荷高时，将上库的水放下来推动水轮发电机组（水轮机＋发电机）发电，以补充系统中电能的不足。抽水蓄能式水电站示意图如图 5-11 所示，黑麋峰抽水蓄能式水电站如图 5-12 所示。

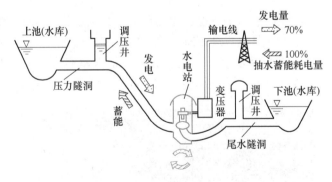

图 5-11　抽水蓄能式水电站示意图

3. 水电站的组成建筑物

（1）挡水建筑物　挡水建筑物是截断水流，集中落差，形成水库的拦河坝、闸或河床式厂房等水工建筑物，如重力坝、拱坝、土石坝及拦河闸等。

（2）泄水建筑物　泄水建筑物是宣泄洪水或放空水库的建筑物，如溢洪道、溢流坝及放水底孔等。

图 5-12 黑麋峰抽水蓄能式水电站

（3）进水建筑物 进水建筑物是从河道或水库中取水的建筑物，如有压进水口、无压进水口。

（4）引水建筑物 引水建筑物是集中河道落差形成水头和输送发电所需水量的建筑物，如渠道、隧洞及压力管道等。

（5）平水建筑物 平水建筑物是在水电站负荷发生变化时，用以平稳引水建筑物中流量和压力的变化，保证水电站调节稳定的建筑物，如调压室、压力前池等。

（6）厂房枢纽建筑物 厂房枢纽建筑物主要指水电站的主厂房、副厂房、变压器、高压开关站、交通线路及尾水渠等建筑物。

4. 代表性水电站

（1）三峡水电站 三峡工程采用"一级开发，一次建成，分期蓄水，连续移民"的方案，于1994年正式动工兴建，2003年开始蓄水发电，2012年3月4日，三峡水电站最后一台机组正式交付并网发电。大坝为混凝土重力坝，坝顶总长3035m，坝顶高程185m，正常蓄水位为175m，总库容为393亿m³，其中防洪库容为221.5亿m³。装机容量为1820万kW，年均发电量为849亿kW·h，泄洪坝每秒泄洪能力为11万m³/s。三峡工程发挥了防洪、发电、航运、养殖、旅游、保护生态、净化环境、开发性移民、南水北调及供水灌溉等效益，创造了五个世界第一，是世界施工难度最大的水利工程之一。三峡水电站有世界泄洪能力最大的泄洪闸，最大泄洪能力为10.25万m³/s。是水库移民最多、工作量最为艰巨的移民建设工程。三峡工程水库动态移民最终达113万。三峡水电站如图5-13所示。

图 5-13 三峡水电站

（2）小浪底水利枢纽　小浪底水利枢纽位于河南省洛阳市以北 40km 的黄河干流上，是以防洪为主，兼顾减淤、灌溉和发电综合利用的一座特大型工程。工程由大坝、泄洪建筑物及发电系统组成。大坝为粘土斜心墙堆石坝，坝顶长 1667m，最大坝高为 154m，库容为 126.5 亿 m^3。泄水建筑物包括集中布置的 10 座进水塔、9 条泄洪排沙隧洞、一个正常溢洪道和三个消力塘。发电系统由 6 条引水隧洞和一座地下厂房、主变压器室、尾闸室及三条尾水洞组成。小浪底水利枢纽的总装机容量为 6 × 30 万 kW，年平均发电量为 51 亿 kW·h。小浪底水利枢纽如图 5-14 所示。

（3）新安江水电站　新安江水电站位于钱塘江支流新安江上，在浙江省建德市境内，是由我国自己设计、施工，自制设备，自行安装的第一座大型水电工程。该水电站以发电为主，兼有防洪、灌溉及航运等综合利用效益，水电站装机容量为 662.5MW，保证出力为 178MW，多年平均年发电量为 18.6 亿 kW·h，以 220kV 和 110kV 高压输电线路接入华东电力系统。大坝为混凝土宽缝隙重力坝，最大坝高为 105m。工程于 1957 年 4 月开工，1960 年 4 月第一台机组发电，1978 年最后一台机组投运。新安江水电站如图 5-15 所示。

图 5-14　小浪底水利枢纽

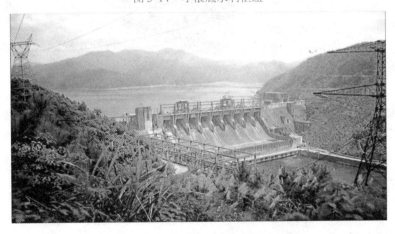

图 5-15　新安江水电站

（4）二滩水电站　二滩水电站工程是 20 世纪我国建成的最大水电站。总装机容量为 330 万 kW，单机容量为 55 万 kW，这在 2012 年三峡水电站建成之前，均列全国第一，单机容量排世界前 10 位。水电站由厂房、主变压器室、尾水调压室三大洞室及压力管道、尾水管、尾水洞、母线洞、交通洞、通风洞、排水洞、进风竖井、排风竖井、电梯竖井、电缆斜井等组成庞大洞室群。地下洞室开挖量为 370 万 m^3。二滩水电站如图 5-16 所示。

图 5-16　二滩水电站

（5）溪洛渡水电站　溪洛渡水电站位于四川省雷波县和云南省永善县境内金沙江干流上，是一座以发电为主，兼有防洪、拦沙和改善下游航运条件等巨大综合效益的工程。溪洛渡水电站装机容量为 1260 万 kW，位居我国第二，世界第三。

溪洛渡水电站枢纽由拦河坝及泄洪、引水、发电等建筑物组成。拦河坝为混凝土双曲拱坝，坝顶高程 610m，最大坝高为 278m，坝顶中心线弧长为 698.09m。左右两岸布置地下厂房，各安装 9 台单机容量为 70 万 kW 的水轮发电机组，年发电量为 571 亿~640 亿 kW·h。

溪洛渡水电站工程于 2003 年开始筹建，2005 年底主体工程开工，2014 年竣工投产，总工期约 12 年。按 2005 年一季度价格指数计算，整个工程静态投资 503.4 亿元人民币。溪洛渡水电站是金沙江下游梯级电站中第一个开工建设的项目，标志着金沙江干流水电开发迈出实质性的步伐。溪洛渡水电站如图 5-17 所示。

图 5-17　溪洛渡水电站

（6）向家坝水电站　向家坝水电站是金沙江下游梯级开发中最末的一个梯级，坝址位于川滇两省交界的金沙江下游河段上，左岸为四川省宜宾县，右岸是云南省水富县。向家坝水电站的开发任务以发电为主，兼顾防洪、改善通航条件及灌溉，同时还具有拦沙和为溪洛渡水电站进行反调节等作用。该水电站主要供电华中、华东地区，兼顾川、滇两省用电需要。

向家坝水电站枢纽由拦河大坝、泄洪排沙建筑物、左岸坝后厂房、右岸地下厂房、左岸垂直升船机和两岸灌溉取水口等组成。拦河大坝为混凝土重力坝，坝顶高程为 384m，最大坝高为 162m，坝顶长度为 909.26m。左岸坝后厂房位于溢流坝左侧，右岸地下厂房位于右岸坝肩上游山体内，左右岸各装机 4 台单机容量为 80 万 kW 的水轮发电机组，总装机容量为 600 万 kW，年发电量为 307.47 亿 kW·h。垂直升船机位于左岸坝后厂房左侧，按四级航道标准设计，最大提升高度为 114.2m，设计年过坝货运量为 112 万 t，年客运量为 40 万人次，可通过 2×500t 级船队。灌溉取水口布置在两岸非溢流坝，规划灌溉面积为 370 余万亩（1 亩 =666.7m²）。

向家坝水库的正常蓄水位为 380m，死水位为 370m，水库总库容为 51.63 亿 m³，调节库容为 9.03 亿 m³，可进行不完全年调节。工程于 2004 年 4 月开始筹建，2006 年 10 月主体工程正式开工，2014 年 7 月全面投产发电。向家坝水电站如图 5-18 所示。

图 5-18 向家坝水电站

三、水力发电的主要设备

1. 水轮机

水轮机是将水能转换为机械能的水力机械，按水流能量转换特征，水轮机可分为反击式和冲击式两种。水轮机按主轴的装置方式不同，又分为立式和卧式两种。主轴竖向装置的称立式水轮机，采用立式水轮机时，发电机位于水轮机上部，其位置较高，不易受潮，所占厂房面积较小，但厂房高度较高。立式水轮机多用于大中型水电站。主轴横向装置的称卧式水轮机，采用卧式水轮机时，发电机和水轮机布置在同一高程上，可减小厂房高度，但发电机易受潮，厂房面积较大，多用于小型水电站。

（1）反击式水轮机 反击式水轮机的转轮在工作过程中全部浸在水中，压力水流流经转轮叶片时，受叶片的作用力而改变压力、流速的大小和方向，同时水流对转轮产生反作用力，形成转矩使转轮转动。反击式水轮机按水流流经转轮方向的不同，又分为混流式、轴流式、斜流式和贯流式四种类型。

1）混流式水轮机。水流流经转轮时是辐向流进且轴向流出。混流式水轮机结构简单、运行可靠、效率较高，是现代应用最广泛的水轮机之一。这种水轮机适用的水头范围一般为 20～450m，目前最高已达 800m，最大机组容量已达 100 万 kW。

2）轴流式水轮机。水流流经转轮时是轴向流进且轴向流出。轴流式水轮机按其叶片在运行时能否转动又分为定桨式和转桨式两种。

轴流定桨式水轮机的叶片固定在轮毂上，制造简单，但当水头和流量变化时，效率变化不大。因此，它适用于负荷变化不大，水头变幅较小的水电站。适用水头范围一般为 3～50m，最大机组容量已达 13 万 kW。

轴流转桨式水轮机在运行时，其叶片可以转动，能在水头和流量变化时保持较高效率工作。目前适用水头已达88m，最大机组容量已达25万kW。

3）斜流式水轮机。水流进出转轮叶片都是斜向的，叶片转动轴线与水轮机轴线成一夹角，高效率区较宽，因而适用于水头和流量变化较大的水电站。适用水头范围在20~200m，最大机组容量可达25万kW。当做成水泵水轮机时，可用在抽水蓄能式水电站上。

4）贯流式水轮机。其转轮与轴流式相似，水流基本上沿轴向流过转轮，因而有良好的过流条件，提高了水轮机效率。贯流式水轮机一般为卧式，因而可降低和简化厂房结构，土建工程量小，适用于25m以下的低水头水电站。目前最大机组容量达5.5万kW。

（2）冲击式水轮机　冲击式水轮机的特征是：有压水流从喷嘴射出后全部转换为动能冲击转轮旋转；在同一时间水流只冲击部分斗叶而不充满全部流道，转轮在大气压下工作。常用的冲击式水轮机有切击式（水斗式）和斜击式两种。

1）切击式水轮机。其特点为喷嘴射流沿转轮圆周切线方向冲击斗叶，是应用最广泛的冲击式水轮机。它适用于高水头（1000~2000m）、小流量的水电站，目前世界上最高水头已应用到1767m，最大机组容量达31.5万kW。

2）斜击式水轮机。其特点是喷嘴射流方向与转轮旋转平面成一夹角（约25.5°），从转轮一侧进入斗叶，从另一侧流出，适用水头为25~300m。

（3）水轮机的铭牌参数　水轮机的铭牌参数由三部分组成，每一部分之间用短横线隔开。第一部分由汉语拼音字母和阿拉伯数字组成，前者表示水轮机形式，后者表示转轮型号（入型谱者采用该转轮的比转速作为代号）。第二部分由两个汉语拼音字母组成，前一个表示主轴装置方式，后一个表示引水室特征。第三部分是以厘米为单位的转轮标称直径D1。对冲击式水轮机，第三部分表示为：水轮机转轮标称直径/（作用在每一个转轮上的喷嘴数×射流直径）。各型水轮机第一、二部分的代表符号见表5-1。各种类型水轮机转轮的标称直径D1规定如下：

1）混流式水轮机是指转轮叶片进口边的最大直径。

2）轴流式水轮机是指转轮室的最大内径。

3）斜流式水轮机是指与转轮叶片轴线相交处的转轮室内径。

4）冲击式水轮机是指转轮与射流中心线相切处的节圆直径。

表5-1　各型水轮机第一、二部分的代表符号

水轮机形式	主轴装置方式	引水室特征
混流式 HL		金属蜗壳 J
轴流转桨式 ZZ		混凝土蜗壳 H
轴流定桨式 ZD		明槽 M
斜流式 XL	立轴 L	罐式 G
贯流转桨式 GZ	卧轴 W	灯泡式 P
贯流定桨式 GD	斜轴 X	竖井式 S
切击式 QJ（也有称水斗式，代号为CJ）		虹吸式 X
斜击式 XJ		轴伸式 Z

2. 发电机

利用水轮机带动发电机将旋转机械能变为电能的设备，称为水轮发电机组。发电机是水

电站最重要的两大主机设备之一，它的作用是把机械能转变为电能。根据原动机的不同，发电机可分为汽轮发电机、水轮发电机、燃气轮发电机和柴油发电机。本书主要介绍水轮发电机。

（1）水轮发电机的组成和结构特点　水轮发电机一般由转子、定子、上机架、下机架、推力轴承、导轴承、空气冷却器、励磁机和永磁机等主要部件组成。其中转子和定子是产生电磁作用的主要部件，其他部件仅起到支持和辅助作用。转子由主轴、转子支架、磁轭（轮环）和磁极等部件组成；定子由机座、铁心和绕组等部件组成。

由于水电站的水头有限，水压力小，故转速不可能很高，一般在 $100 \sim 1000 r/min$。与汽轮发电机相比，水轮发电机转速较低，要获得 50Hz 的电能，发电机转子的磁极也较多。

总之，水轮发电机的特点是转速低、磁极多、转子为凸极式，结构尺寸和重量都较大，为了减少占地面积，降低厂房造价，大中型水轮发电机一般采用立轴。

（2）水轮发电机的铭牌参数　水轮发电机铭牌上标示的主要参数有型号、容量、电压、电流、转速和温升。标示的型号是以定子铁心外径、磁极个数及额定容量等参数用一定的格式排列表示的；而标示的容量、电压、电流、转速和温升等都是该台发电机的额定值，即能保证发电机正常连续运行的最大限值。国产发电机型号的含义如下：

$$\square\square\square\square—\square/\square$$

其中，第 1、2、3 框为形式（SF 为立式空冷，SFS 为立式水内冷，SFW 为卧式，SFG 为贯流式水轮发电机，SFD 为水轮机-电动机）；第 4 个框为额定容量（MW）；第 5 个框为磁极个数；第 6 个框为定子铁心外径（cm）。

第三节　海洋能及其利用

浩瀚的大海，不仅蕴藏着丰富的矿产资源，更有真正意义上取之不尽、用之不竭的海洋能源。它既不同于海底所贮存的煤、石油及天然气等海底能源资源，也不同于溶于水中的铀、镁、锂及重水等化学能源资源。它有自己独特的方式与形态，就是用潮汐、波浪、海流、温度差及盐度差等方式表达的动能、势能、热能及物理化学能等能源。这些永远不会枯竭，也不会造成任何污染。

一、海洋能的分类及利用现状

1. 海洋能的概念

海洋能是指蕴藏在海水里的可再生能源。海洋通过各种物理过程接收、贮存和散发能量，海洋空间里的风能和太阳能、在海洋一定范围内的生物能也属于广义的海洋能。

海洋能属于清洁能源，也就是海洋能一旦开发后，其本身对环境污染影响很小。海洋能在海洋总水体中的蕴藏量巨大，但单位体积、单位面积及单位长度所拥有的能量较小。这就是说，要想得到大的能量，就得从大量的海水中获得。

海洋能具有可再生性。海洋能来源于太阳辐射能与天体间的万有引力，只要太阳、月球等天体与地球共存，这种能源就会再生，就会取之不尽、用之不竭。

海洋能有较稳定与不稳定能源之分。较稳定的为温差能、盐差能和海流能；不稳定的分为变化有规律与变化无规律两种。属于不稳定但变化有规律的海洋能有潮汐能与潮流能。海洋能中最不稳定的能源是波浪能。人们根据潮汐潮流变化的规律，编制出各地逐日逐时的潮汐与潮流预报，预测未来各个时间的潮汐大小与潮流强弱。潮汐能发电站与潮流能发电站可根据预报表安排发电运行。既不稳定又无规律的是波浪能。

2. 海洋能的种类

海洋能主要包括潮汐能、海流能、波浪能、海水温差能（海洋热）和海水盐差能（盐浓度）。潮汐能和海流能来源于太阳和月球对地球的引力变化；其他海洋能则源于太阳能。海洋能按其贮存形式的不同，又可分为机械能（潮汐能、波浪能和海流能）、热能（海水温差能）和化学能（海水盐差能）。

（1）潮汐能　潮汐导致海水平面周期性地升降，因海水涨落及潮水流动所产生的能量称为潮汐能。潮汐发电是利用海水潮涨潮落的势能发电。潮汐的能量与潮量和潮差成正比。实践证明：潮涨、潮落的最大潮差应在 10m 以上（平均潮差大于等于 3m）才能获得经济效益，否则难以实用化。人类利用潮汐发电已有近百年的历史，潮汐发电是海洋能利用技术中最成熟的、规模最大的一种。

目前世界上最大的潮汐能发电站是法国的朗斯潮汐能发电站，我国的江夏潮汐实验电站为国内最大的潮汐电站。我国潮汐能资源中可开发的装机容量在 200 ~ 1000kW 的坝址共有 424 处，港湾、河口可开发装机容量为 200kW 以上的潮汐资源的总装机容量为 2179 万 kW，年发电量约为 624 亿 kW·h。这些资源在沿海的分布是不均匀的，以福建和浙江最多，两省合计装机容量占全国总量的 88.3%，其次是长江口北支（上海和江苏）、辽宁及广东，其他省区则较少，江苏沿海（长江口除外）最少，装机容量仅为 0.11 万 kW。

（2）海流能　海流的产生主要是因为太阳能输入不均而形成海水流动。海流能是指海水流动的动能，主要是指海底水道和海峡中较为稳定的流动以及由于潮汐导致的有规律的海水流动。海流能的能量与流速的二次方和流量成正比。相对波浪而言，海流能的变化要平稳且有规律得多。潮流能随潮汐的涨落每天两次改变大小和方向。一般说来，最大流速在 2m/s 以上的水道，其海流能均有实际开发的价值。

海流能的利用方式主要是发电，海流发电是利用海洋中部分海水沿一定方向流动的海流和潮流的动能发电。其原理和风力发电相似，几乎任何一个风力发电装置都可以改造成为海流发电装置，故又称为"水下风车"。但由于海水的密度约为空气的 1000 倍，且装置必须放于水下，故海流发电存在一系列的关键技术问题，包括安装维护、电力输送、防腐、海洋环境中的载荷与安全性能等。

海流能转换为电能的装置有螺旋桨式、对称翼型立轴转轮式、降落伞式和磁流式等多种发电机。其中，磁流式是利用海水中的大量电离子，将海流通过磁场产生感应电动势而发电。

我国沿海海流能的年平均功率理论值约为 1.4×10^7kW，属于世界上海流能功率密度最大的地区之一。其中，辽宁、山东、浙江、福建和台湾沿海的海流能较为丰富，不少水道的能量密度为 15 ~ 30kW/m^2，具有良好的开发价值。特别是浙江的舟山群岛的金塘、龟山和西堠门水道，平均功率密度在 20kW/m^2 以上，开发环境和条件十分理想。

（3）波浪能　波浪能是指海洋表面波浪所具有的动能和势能，是一种在风的作用下产生，并以位能和动能的形式由短周期波贮存的机械能。波浪的能量与波高的二次方、波浪的运动周期及迎波面的宽度成正比。波浪能是海洋能源中能量最不稳定的一种能源。台风导致的巨浪，其功率密度可达每米迎波面数千千瓦，而波浪能丰富的欧洲北海地区，其年平均波浪功率也仅为每米 20 ~ 40kW。我国海岸大部分地区的年平均波浪功率密度为每米 2 ~ 7kW。

波浪发电是波浪能利用的主要方式。此外，波浪能还可以用于抽水、供热、海水淡化以及制氢等。波浪能利用装置大都源于几种基本原理：即利用物体在波浪作用下的振荡和摇摆运动；利用波浪压力的变化；利用波浪的沿岸爬升将波浪能转换成水的势能等。经过 20 世纪 70 年代对多种波浪能装置进行的实验室研究和 20 世纪 80 年代进行的实际海况试验及应用示范研究，波浪发电技术已逐步接近实用化水平，研究的重点也集中于三种被认为是有商品化价值的装置，包括振荡水柱式装置、摆式装置和聚波水库式装置。

我国沿岸波浪能资源理论平均功率为 1285.22 万 kW，这些资源在沿岸的分布很不均匀。以台湾省沿岸最多，为 429 万 kW，占全国总量的三分之一。其次是浙江、广东、福建和山东沿岸，均为 160 万 ~ 205 万 kW，总共约为 706 万 kW，约占全国总量的 55%。其他省市沿岸则很少，仅为 56 万 ~ 143 万 kW。广西沿岸最少，仅 8.1 万 kW。

（4）海水温差能　海水温差能是指表层海水和深层海水之间水温差的热能，是海洋能的一种重要形式。海洋的表面把太阳辐射能的大部分转换为热能并贮存在海洋的上层。另一方面，接近冰点的海水大面积地在不到 1000m 的深度从极地缓慢地流向赤道。这样，就在许多热带或亚热带海域终年形成 20℃以上的垂直海水温差，其能量与温差的大小和水量成正比。

海水温差能的主要利用方式为发电。首次提出利用海水温差发电设想的是法国物理学家阿松瓦尔，1926 年，阿松瓦尔的学生克劳德对海水温差发电试验成功。1930 年，克劳德在古巴海滨建造了世界上第一座海水温差发电站，获得了 10kW 的功率。

除了发电之外，海洋温差能利用装置还可以同时获得淡水、深层海水，并可以与深海采矿系统相结合。因此，基于温差能的系统可以作为海上发电厂、海水淡化厂、海洋采矿、海上城市或海洋牧场的支持系统。总之，温差能的开发应以综合利用为主。

海水温差能利用的最大困难是温差太小、能量密度低，其效率仅有 3%左右，而且换热面积大、建设费用高，目前各国仍在积极探索中。

我国海水温差能资源蕴藏量大，在各类海洋能资源中居首位。这些资源主要分布在南海和台湾以东海域，尤其是南海中部的西沙群岛海域和台湾以东海区，具有日照强烈、温差大且稳定、全年可开发利用、冷水层与岸距离小及近岸海底地形陡峻等优点，开发利用条件良好，可作为我国温差能资源开发的先期开发区。例如，台湾以东海域表层水温全年在 24 ~ 28℃，500 ~ 800m 以下的深层水温在 5℃以下，全年水温差为 20 ~ 24℃，据电力专家估计，该区域温差能资源蕴藏量约为 2.16×10^{14}kW·h。

（5）海水盐差能　海水盐差能是指海水和淡水之间或两种含盐浓度不同的海水之间的化学电位差能。海水盐差能主要存在于河海交接处。同时，淡水丰富地区的盐湖和地下盐矿也可以利用盐差能。盐差能是海洋能中能量密度最大的一种可再生能源。通常，海水（35‰盐度）和河水之间的化学电位差有相当于 240m 水头差的能量密度。这种化学电位差可以利用半渗透膜（水能通过，盐不能通过）在盐水和淡水交接处实现。利用这一化学电位差就可以直接由水轮发电机发电。

海水盐差能的利用主要是发电。其基本方式是将不同盐浓度的海水之间的化学电位差能转换成水的势能，再利用水轮机发电。具体方式主要有渗透压式、蒸汽压式和机械-化学式等，其中渗透压式方案最受重视。

渗透压式盐差能转换是将一层半透膜放在不同盐度的两种海水之间，通过这个膜会产生一个压力梯度，迫使水从盐度低的一侧通过半透膜向盐度高的一侧渗透，从而稀释高盐度的水，直到半透膜两侧水的盐度相等为止。此压力称为渗透压，它与海水的盐浓度及温度有关。目前提出的渗透压式盐差能转换方法主要有水压塔渗压系统和强力渗压系统两种。

我国海域辽阔，海岸线漫长，入海的江河众多，入海的径流量巨大，在沿岸各江河入海口附近蕴藏着丰富的盐差能资源。据统计，我国全部江河年平均入海径流量为 $(1.7 \sim 1.8) \times 10^{12} m^3$。各主要江河的年入海径流量为 $(1.5 \sim 1.6) \times 10^{12} m^3$。据计算，我国沿岸盐差能资源蕴藏量约为 $3.9 \times 10^{15} kW \cdot h$，理论功率约为 $1.25 \times 10^8 kW$。

3. 我国海洋能资源的储量与分布

在我国大陆沿岸和海岛附近蕴藏着较丰富的海洋能资源，至今尚未得到应有的开发。据调查统计，我国沿岸和海岛附近的可开发潮汐能资源理论装机容量可达 2179 万 kW，理论年发电量约为 624 亿 kW·h，波浪能理论平均功率约 1285 万 kW，潮流能理论平均功率为 1394 万 kW，这些资源的 90% 以上分布在常规能源严重缺乏的华东沪、浙、闽沿岸。特别是浙、闽沿岸在距电力负荷中心较近就有不少具有较好的自然环境条件和较大开发价值的大中型潮汐能发电站站址，其中不少已经做过大量的前期工作，已具备近期开发的条件。

4. 我国海洋能开发利用的进展状况

2016 年底，国家海洋局印发《海洋可再生能源发展"十三五"规划》中指出："十二五"时期，我国海洋能发展迅速，整体水平显著提升，进入厂从装备开发到应用示范的发展阶段；基本摸清了海洋能资源总量和分布状况，完成了重点开发区潮汐能、潮流能、波浪能资源评估及选划；自主研发了 50 余项海洋能新技术、新装置，多种装置走出实验室进行了海上验证，向装备化、实用化发展，部分技术达到了国际先进水平，我国成为世界上为数不多的掌握规模化开发利用海洋能技术的国家之一；4.1MW 的江厦潮汐试验电站已稳定运行 30 多年，3.4MW 模块化大型潮流能发电系统的首套 1MW 机组实现下海并网发电，100kW 鹰式波浪能发电装置和 60kW 半直驱式水平轴潮流能发电装置累计发电量均超过 3 万度，在建海洋能项目总装机规模超过 10MW；海洋能试验场相继启动选址、调计和建设，以山东海洋能研究试验区、浙江潮流能示范区、广东波浪能示范区为核心的海洋能发展区域布局初现雏形；一批企业进军海洋能行业，产学研紧密结合的海洋能开发队伍初步形成；我国加入了国际能源署海洋能源系统实施协议，并与多个国家签订海洋能开发合作协议，海洋能领域国际影响力显著提升。

《海洋可再生能源发展"十三五"规划》指出，"十三五"时期将以显著提高海洋能装备技术成熟度为主线，着力推进海洋能工程化应用，夯实海洋能发展基础，实现海洋能装备从"能发电"向"稳定发电"转变，务求在海上开发活动电能保障方面取得实效。到 2020 年，海洋能开发利用水平显著提升，科技创新能力大幅提高，核心技术装备实现稳定发电，形成一批高效、稳定、可靠的技术装备产品，工程化应用初具规模，一批骨干企业逐步壮大，产业链条基本形成，标准体系初步建立，适时建设国家海洋能试验场，建设兆瓦级潮流能并网示范基地及 500kW 级波浪能示范基地，启动万千瓦级潮汐能示范工程建设，全国海洋能总装机规模超过 50MW，建设 5 个以上海岛海洋能与风能、太阳能等可再生能源多能互补独立电力系统，拓展海洋能应用领域，扩大各类海洋能装置生产规模，海洋能开发利用水平步入国际先进行列。

二、潮汐能概述

1. 潮汐现象与潮汐能

凡是到过海边的人们，都会看到海水有一种周期性的涨落现象：到了一定时间，海水推波助澜，迅猛上涨，达到高潮；过后一些时间，上涨的海水又自行退去，留下一片沙滩，出现低潮。如此循环重复，永不停息。潮汐现象就是指海水在天体（主要是月亮和太阳）引力作用下所产生的周期性运动，习惯上把海面垂直方向的涨落称为潮汐，而海水在水平方向的流动称为潮流。古代称白天的河海涌水为"潮"，晚上的称为"汐"，合称为"潮汐"。

所谓潮汐能，是指潮汐涨落所具有的位能和动能。潮汐所含的能量是十分巨大的，潮汐能的大小直接与潮差有关，潮差越大，能量就越大。由于深海大洋中的潮差一般较小，因此，潮汐能的利用主要集中在潮差较大的浅海、海湾和河口区。

2. 潮汐的类型

潮汐现象非常复杂，仅以海水涨落的高低来说，各地就很不一样。有的地方潮水几乎察觉不出，有的地方却高达几米。在我国台湾省基隆，涨潮时和落潮时的海面只差 0.5m，而杭州湾的潮差竟达 8.93m。潮汐现象尽管很复杂，但大致说来不外乎以下三种基本类型。

（1）半日潮型　一个太阴日内出现两次高潮和两次低潮，前一次高潮和低潮的潮差与后一次高潮和低潮的潮差大致相同，涨潮过程和落潮过程的时间也几乎相等（6 h 12.5 min）。我国渤海、东海及黄海的多数地点为半日潮型，如大沽、青岛及厦门等。半日潮如图 5-19 所示。

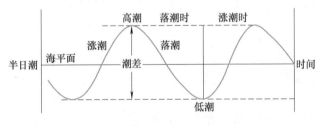

图 5-19　半日潮

（2）全日潮型　一个太阴日内只有一次高潮和一次低潮。如南海汕头、渤海秦皇岛等。南海的北部湾是世界上典型的全日潮海区。全日潮如图 5-20 所示。

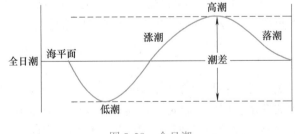

图 5-20　全日潮

（3）混合潮型　一月内有些日子出现两次高潮和两次低潮，但两次高潮和低潮的潮差相差较大，涨潮过程和落潮过程的时间也不等；而另一些日子则出现一次高潮和一次低潮。我国南海多数地点属于混合潮型。如榆林港，15 天出现全日潮，其余日子为不规则的半日潮，潮差较大。混合潮如图 5-21 所示。

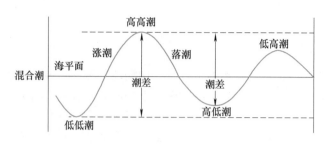

图 5-21 混合潮

3. 潮汐的成因

潮汐虽有规律，但很复杂，随时间、地域的不同而不同。长期以来，有关潮汐的成因，尚无十分精确的解释。多数学者认为，潮汐是月亮、太阳和其他星体对地球的引力（主要指对海水的引力）以及地球的自转所形成的，由于这些力的作用导致海水的相对运动。牛顿的万有引力定律表明：任何两个物体之间都存在着相互吸引的力，吸引力的大小和这两个物体质量的乘积成正比，而与两物体之间的距离的二次方成反比。把万有引力定律作用到地球和其他天体之间存在的引力关系上时，可以把地球本身的质量看作不变。因此，吸引力与天体的质量成正比，与地球到天体的距离的二次方成反比。众所周知，地球围绕太阳转，月球围绕地球转。太阳的质量虽然比月球质量大得多，但是，月球与地球的距离却比太阳与地球的距离小得多，用牛顿万有引力定律公式计算得到的结果可以证明，月球对地球的引力远大于太阳对地球的引力，而其他天体对地球的引力则是很微弱的。所以说，月球的引力是形成潮汐的主要成因，潮汐现象主要是随月球的运动而变化的。

三、潮汐能资源及其发电技术

世界海洋潮汐能蕴藏量约为 27 亿 kW，若全部转换成电能，每年发电量大约为 1.2 万亿 kW·h。我国海岸线曲折，全长约为 1.8×10^4 km，沿海还有 6000 多个大小岛屿，组成 1.4×10^4 km 的海岸线，漫长的海岸蕴藏着十分丰富的潮汐能资源。其中，浙江、福建两省蕴藏量最大。如能将其全部开发，相当于每年为这一地区提供 2000 多万 t 标准煤。和水力发电相比，潮汐能的能量密度很低，相当于微水头发电的水平。

世界上潮差的较大值为 13～15m，我国的最大值（杭州湾澉浦）为 8.9m。一般说来，平均潮差在 3m 以上就有实际应用价值。潮汐能是一种不消耗燃料、没有污染、不受洪水或枯水影响、用之不竭的可再生能源。在海洋的各种能源中，潮汐能的开发利用最为现实，也最为简便。

1. 潮汐能发电

目前，世界各国对潮汐的主要利用方式是发电。潮汐能含有动能和势能，从理论上讲，涨潮和落潮过程中流动的海水，可以直接冲击水轮机来发电，但是由于它的流速较低，并且不断变化着，致使发电时间、数量都不稳定，发电量也较小，因此，很少直接应用。在海湾或河口修筑拦潮大坝，利用坝内外涨、落潮时的水位差来发电，是潮汐发电的基本方式。

利用潮汐发电必须具备两个物理条件：一是潮汐的幅度必须大，至少要有几米；另一个是海岸的地形必须能储蓄大量海水，并可进行土建工程。

2. 潮汐能发电站的形式

利用潮汐能发电就是在海湾或有潮汐的河口建一拦水堤坝，将海湾或河口与海洋隔开构成水库，再在坝内或坝房安装水轮发电机组，然后利用潮汐涨落时海水位的升降，使海水冲击水轮机使其转动，从而使水轮发电机组发电。

潮汐能发电站按照运行方式和对设备要求的不同，可以分成单库单向型、单库双向型和双库单向型三种。

（1）单库单向型　这种潮汐能发电站一般只有一个水库，水轮机采用单向式。由于落潮时水库存量和水位差较大，通常都选择落潮时发电。单库单向型潮汐能发电站如图 5-22 所示。

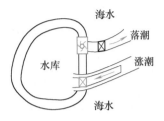

图 5-22　单库单向型潮汐能发电站

在整个潮汐周期内，发电站的运行按下列 4 个工况进行。

1）充水工况：发电站停止发电，开启闸门，潮水经闸门和水轮机进入水库，至水库内水位齐平为止。

2）等候工况 1：关闭闸门，水轮机停止过水，保持水库水位不变，外海侧则因落潮水位下降，直到水库内外水位差达到水轮机组的起动水头。

3）发电工况：开动水轮发电机组进行发电，水库的水位逐渐下降，直到水库内外水位差小于机组发电所需的最小水头为止。

4）等候工况 2：机组停止运行，水轮机停止过水，保持水库水位不变，外海侧水位因涨潮而逐渐上升，直到水库内外水位齐平，转入下一个周期。

单库单向型潮汐能发电只需建造一道坝堤，并且水轮发电机组仅需满足单方向通水发电的要求即可，因而发电设备的结构和建筑物都比较简单，投资较少。但是，因为这样发电站只能在落潮时单方向发电，所以每日发电时间较短，发电量较少，潮汐能得不到充分的利用，一般发电站效率（潮汐能利用率）仅为22%。

（2）单库双向型　单库双向型潮汐能发电站与单库单向型潮汐能发电站一样，也只有一个水库，但是此种潮汐能发电站采用双向水轮机，涨潮和落潮都可进行发电，但一般以落潮发电为主，只是在水坝两侧水位齐平时（即平潮水位）暂时停止发电。涨潮时，外海水位要高于水库水位，落潮时，水库水位要高于外海水位，通过控制，在使内外水位差大于水轮发电机所需要的最小水头时就能发电。单库双向型潮汐能发电站如图 5-23 所示。

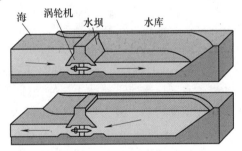

图 5-23　单库双向型潮汐能发电站

由于单库双向型潮汐能发电站在涨潮、落潮过程中均能发电，因此，每日发电时间达14~16h，较充分地利用了潮汐能量，发电站效率可达34%。

（3）双库（高、低）单向型　这种潮汐发电方式需要建造毗邻水库，一个水库设进水闸，仅在潮水位比库内水位高时引水进库；另一个水库设泄水闸，仅在潮水位比库内水位低时泄出水库。其电站布置如图 5-24 所示。这样，前一个水库的水位始终较后一个水库的水位高。故前者称为高位水库，后者则称为低位水库。高位水库与地位水库之间终日保持着水位差，水轮发电机组放置于两水库之间的隔坝内，水流即可终日通过水轮发电机组不间断地发电。

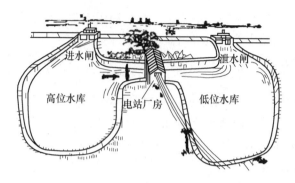

图 5-24　双库式单向型潮汐能发电站

　　潮汐能发电站的建造有许多设计方案，采用何种形式最佳，要根据当地潮型、潮差、地形条件、电力系统负荷要求、发电设备、建筑材料和施工条件等技术指标进行选择。

　　3. 潮汐能发电站的特点

　　潮汐能发电站建造在海边，利用海水的涨潮与落潮来发电，具有一些与内河发电站不同的特点。

　　1）潮汐能发电站的水头低、流量大、转速小。在水轮机与发电机之间常采用增速器，以提高发电机的转速。

　　2）潮汐能发电站单位功率投资较大。由于机组体积较大，用钢量多，机组费用在整个电站投资中占有较大的比例。应研究改进结构、选取适宜的代用材料，以提高电站建设的经济性。如我国的一些潮汐能发电站采用钢丝网水泥或钢筋混凝土的水轮机流道、轮毂及泄水锥等，减少了钢耗、节省了投资。

　　3）发电的周期性和间歇性。潮汐能发电站是利用海水的涨潮与落潮发电，既有周期性又有间歇性，通过水工建筑物的改进和适当的控制（如双库潮汐能发电站），可弥补周期性与间歇性的不足，使其能连续发电。

　　4）发电站的防淤问题。涨潮时通过水轮机和闸门进入水库的海水经常带有大量泥沙，泥沙进入水库后流速迅速减小，使泥沙沉降形成泥沙淤积。应进一步研究水库淤积的基本规律和泥沙运动特性，最大限度地保持有效容积。

　　5）防海水腐蚀问题。为了防止海水对发电站设备的腐蚀作用，除关键零部件采用不锈钢制造外，其他部件宜采用特性涂料和阴极保护防腐技术。

　　6）结合潮汐能发电站的建设开展综合利用。我国沿海地区人多地少，土地宝贵。可因地制宜，将海涂的深港部分作为发电水库，而较高的海涂用来围垦农田；在水库内开展水产养殖，在水位变幅的范围内可养殖花蚶、牡蛎及紫菜等；在发电消落水位以下可养殖对虾、鱼等。有时还可根据地理、地形及经济条件等，结合海港建设与海堤设施改善航运和交通，开展旅游业。此外，还可以利用潮汐能发电站的电力从海水提取铀、溴、碘、钾等贵金属元素等。

　　四、潮汐发电的历史、现状和发展趋势

　　潮汐能是一种用之不竭的清洁能源。在海洋各种能源中，潮汐能的开发利用最为现实、最为简便。潮汐发电在国外发展很快。欧洲各国拥有浩瀚的海洋和漫长海岸线，因而有大量、稳定、廉价的潮汐资源，在开发利用潮汐方面一直走在世界前列。法国、加拿大、英国等在潮汐发电的研究与开发领域保持领先优势。我国海岸线曲折漫长，潮汐能资源蕴藏量约为 1.1 亿 kW，可开发总装机容量为 2179 万 kW，年发电量可达 624 亿 kW·h，主要集中在福建、浙江、江苏等省的沿海地区。我国早在 20 世纪 50 年代就已开始利用潮汐能，是世界上起步较早的国家。经过多年来对潮汐电站建设的研究和试点，我国潮汐发电行业不仅在技术上日趋成熟，而且在降低成本，提高经济效益方面也取得了较大进展，已经建成一批性能良好、效益显著的潮汐电站。1956 年建成的福建省浚边潮汐水轮泵站就是以潮汐作为动力来扬水灌田的。到了 1958 年，潮汐电站便在全国遍地开花。近年来，我国潮汐能开发进程加速，潮汐电站建设掀起新高潮，福建八尺门潮汐能发电项目、浙江三门 2 万 kW 潮汐电站工程陆续启动。浙江江厦潮汐试验电站是我国目前已建成的最大潮汐电站，总装机容量 3900kW，规模位居世界前列。2012 年，江厦潮汐试验电站工业旅游示范点通过验收，成为国内首个潮汐能旅游示范点。

电力供应不足是制约我国国民经济发展的重要因素，尤其是在东部沿海地区。另一方面我国海岸线较长，东南沿海潮汐能资源丰富。潮汐能具有可再生性、清洁性、可预报性等优点，在我国优化电力结构，促进能源结构升级的大背景下，发展潮汐发电顺应社会趋势，有利于缓解东部沿海地区的能源短缺。潮汐电站建设可创造良好的经济效益、社会效益和环境效益，投资潜力巨大。根据国家规划，到 2020 年，我国潮汐发电装机容量有望达到 30 万 kW，潮汐发电将迎来又一个发展春天。

五、海流发电和洋流发电

海流主要是指海底水道和海峡中较为稳定的流动以及由于潮汐导致的有规律的海水流动，是一种以动能形态出现的海洋能。海流发电机是将其转换成电能的装置，工作原理与风力发电相似。作为可再生能源的一种，海流能同波浪能、温差能和盐差能等自然能源一样正日益受到国内外的重视。

1. 海流能的成因

风力的大小和海水密度的差异是产生海流的主要原因。海面上常年吹着方向不变的风，如赤道南侧常年吹着东南风，北侧吹着东北风。风使海水表面运动起来，水的粘性使这种运动传到海水深处。随着深度的增加，海水流速降低，有时海水流动方向也会逐渐改变，甚至出现下层海水与表层海水流动方向相反的情况。在太平洋和大西洋的南北两半部以及印度洋的南半部，占主导地位的风系造成了一个广阔的、按逆时针方向旋转的海水环流。在低纬度和中纬度海域，风是形成海流的主要动力。这种由定向风持续吹拂海面所引起的海流称为风海流。两个邻近海域因海水密度不同就会造成海水环流。这种由于海水密度不同所产生的海流称为密度流。归根结底，这两种海流的能量都来源于太阳的辐射能。我国海域辽阔，既有风海流，又有密度流；既有沿岸海流，也有深海海流。这些海流的流速大多为 0.5n mile/h（1n mile ＝1852m），流量变化不大，流向较稳定。

2. 海流发电

海流发电是依靠海流的冲击力使水轮机旋转，然后再带动发电机发电。目前，海流发电站通常浮在海面上，用钢索和锚加以固定。有一种浮在海面上的海流发电站看上去像花环，被称之为花环式海流发电站。这种发电站是由一串螺旋桨组成的，它的两端固定在浮筒上，浮筒里装有发电机。整个发电站迎着海流的方向漂浮在海面上，就像献给客人的花环一样。

这种发电站之所以用一串螺旋桨组成，主要是因为海流的速度小，单位体积内所具有的能量小的缘故。它的发电能力通常较小，一般只能为灯塔和灯船提供电力，至多不过为潜水艇上的蓄电池充电而已。驳船式海流发电站是由美国设计的，这种发电站实际上是一艘船，所以叫发电船更合适些。船舷两侧装着巨大的水轮，在海流推动下不断地转动，进而带动发电机发电。这种发电船的发电能力约为 5 万 kW，发出的电力通过海底电缆送到岸上。当有狂风巨浪袭击时，它可以驶到附近港口避风，以保证发电设备的安全。

20 世纪 70 年代末期，一种设计新颖的伞式海流发电站诞生了，这种发电站也是建在船上的。它是将 50 个降落伞串在一根长 154m 的绳子上，用来集聚海流能量。绳子的两端相连，形成一个环形，然后将绳子套在锚泊于海流中的船尾处的两个轮子上。置于海流中串联起来的 50 个降落伞由强大的海流推动着。在环形绳子的一侧，海流就像大风那样把伞吹胀撑开，顺着海流方向运动。在环形绳子的另一侧，绳子牵引着伞顶向船运动，伞不张开。于是，拴着降落伞的绳子在海流的作用下周而复始的运动，带动船上两个轮子旋转，连接着轮子的发电机也就跟着转动而发电。

2012 年 5 月，南非东南部海港城市德班计划利用海流发电，在这项计划中，当地市政府将与一家企业合作，在相应海域安装可漂浮的发电设备，它具备 1MW 的发电能力，耗资约 2000 万美元。

2017 年日本重工业企业 IHI 和日本新能源产业技术综合开发机构（NEDO）向媒体公开了计划 2020 年实现实用化的海流发电验证机"KAIRYU"。

如今，超导技术已得到了迅速发展，超导磁体已得到实际应用，利用人工形成强大的磁场已不再是梦想。因此，一些科学家提出了一个大胆的设想，只要将一个 31000Gs（$1Gs = 10^{-4}T$）的超导磁体放入海流中，海流通过强磁场时切割磁力线，就会发出 1500kW 的电能。

3. 洋流发电

在浩瀚的海洋上，奔腾着许多巨大的洋流，在海洋运动中，洋流对地球的气候和生态平衡扮演着重要的角色。它们在风和其他动力的推动下，循着一定的路线周而复始地运动着，其规模比起陆地上的巨江大川则要大出成千上万倍。海水流动可以推动涡轮机发电，为人们输送绿色能源。我国的洋流能源很丰富，沿海洋流的理论平均功率为 1.4 亿 kW。

在所有的洋流中，有一条洋流规模十分巨大，堪称洋流中的"巨人"，这就是著名的墨西哥湾暖流，简称为湾流。它宽 60 ~ 80km，厚 700m，总流量可达 7400 ~ 9300 万 m^3/s，比北太平洋上的黑潮要高出将近 1 倍，比陆地上所有河流的总量高出 80 倍。若与我国的河流相比，它大约相当于长江流量的 2600 倍或黄河流量的 57000 倍。墨西哥湾暖流与北大西洋洋流和加那利洋流共同作用后，调节了西欧与北欧的气候。

美国的研究人员指出，墨西哥湾暖流受到风力、地球自转和朝向北极前进的热量所驱使，所带来的能量等同于美国发电能力的 2000 倍。若能成功利用这股强大的洋流，驱动设置在海底的涡轮发电机，就足以产生相当于 10 座核能发电厂的电能。佛罗里达州是世界上发展洋流发电的首选之地，因为这里常年都有强大的洋流，在这里建立的洋流发电厂可以全天候发电，一年到头都可发电，足可供应佛罗里达州三分之一的电力需求。但是，由于洋流发电相关技术还不成熟，不但建设电厂的经费无法估算，一些未知因素和可能造成的危险也尚待克服。例如，海底运转的涡轮机螺旋桨有可能使鱼类和其他海洋生物死亡。如果洋流发电厂不能解决生态问题，它将会遭受动物爱好者的反对。

六、海水温差发电

海水温差能是指海洋表层海水和深层海水之间水温差的热能。在海洋中，上、下层水温的差异蕴藏着一定的海水温差能，利用海水温差能可以发电，这种发电方式叫作海水温差发电。海水的热传导率低，表层的热量难以传到深层，许多热带或亚热带海域终年形成20℃以上的垂直温差，利用此温差可实现热力循环来发电。

海水温差发电的基本原理就是借助一种工作介质，使表层海水中的热能向深层海水中转移，从而做功发电。火力发电和核能发电是以热能使水沸腾，利用蒸汽带动涡轮机，然后发电。海水温差发电是利用氨和水的混合液。与水的沸点100℃相比，氨水的沸点是33℃，容易沸腾。海水温差发电是借助表面海水的热量，利用蒸发器使水沸腾，用氨蒸汽带动涡轮机。氨蒸汽会被深层海水冷却，重新变成液体。在这一往返过程中，可以依次将海水的温差变成电力。海洋中蕴藏着丰富的太阳热能。太阳每年供应给海洋的热能大约有60多万亿kW·h，这样庞大的能量，除了一部分转变为海流的动能和水气循环外，其他都直接以热能的形式贮存在海水中，主要表现为海水表层和深层直接的温差。通常情况下，海水表层的温度可达25～28℃，而海平面以下500m的深处水温大约只有4～7℃，两者相差20℃左右，热带海洋的温差更为明显。据日本佐贺大学海洋能源研究中心介绍，位于北纬40度～南纬40度的100个国家和地区都可以进行海水温差发电。

海洋能密度比较小，并且能源变换效率很低，所以要得到比较大的功率，海洋能发电装置就要造得很庞大，而且还要有众多的发电装置，排列成阵，形成面积广大的采能场，才能获得足够的电力。这是海洋能利用的共同特点。海水温差发电的能源变换效率是3%～5%，比火力发电的40%低得多。

由于海水温差能开发利用的巨大潜力，海水温差发电受到各国的普遍重视。目前，日本、法国及比利时等国已经建成了一些海水温差能发电站，功率从100kW至5000kW不等。上万千瓦的海水温差能发电站也在建设之中。

思 考 题

1. 水电有哪些优越性，对环境有什么影响？
2. 我国的水电资源有哪些特点？
3. 各国为何特别重视水电的发展？
4. 水电站的基本类型有哪些？
5. 潮汐能产生的原因是什么？它有哪些基本形式？
6. 波浪能、海洋温差能、海水盐差能有哪些可能的利用途径？
7. 简述我国水利资源及海洋资源的分布情况。
8. 水力发电利用现状及今后的发展前景如何？
9. 我国海洋能的利用现状及今后的发展前景如何？
10. 什么是水电站的出力，它和哪些因素有关？

第六章　生物质能及其利用

在地球的自然演变过程中，大自然生态系统经几十亿年的漫长进化，将巨量的碳封存于地下，使得大气中的二氧化碳、甲烷等的浓度降低到适合人类和动物生存的程度。生命的起源一开始就受益于生物质能的直接作用，人类起源时期就开始认识到生物质能可以维系人类生命的延续和传承。从与大自然的抗争中人类学会了刀耕火种，这是人类最初应用生物质能的开始。随着人类对能源形态的认识，化石燃料的贮存量在急剧减少，煤、石油及天然气等的过度开采和使用，使地球环境日益恶化。现代人类要在短短的几百年中把这些封存的碳集中并快速释放出来，必将对生态平衡造成极大的破坏。在这样一种背景下，生物质能成为继煤、石油及天然气等受人类关注的能源之后，越来越受到世人关注的又一大类能源。

第一节　生物质能概述

生物质能是太阳能以化学能形式贮存在生物中的一种能量形式，是一种以生物为载体的能量，它直接或间接地来源于植物的光合作用。在各种可再生能源中，生物质能是独特的，它是贮存的太阳能，更是一种唯一可再生的碳源，生物质能可转化成常规的固态、液态或气态的燃料。生物质能作为人类认识的一大类能源遍布世界各地，其蕴藏量极大，形式繁多，其中包括薪柴、农林作物，更有为了生产能源而种植的能源作物、农业和林业残剩物、食品加工和林产品加工的下脚料、城市固体废弃物、生物废水和水生植物等。

一、生物质能的特点

作为人类史上应用最早的一大类能源，生物质能有如下的特点。

1）可再生性。生物质能属于可再生的资源，生物质能通过植物的光合作用可再生，它与风能、太阳能等同属于新型能源和可再生能源，其资源丰富，可保证能源的永续利用。

2）低污染性。生物质的硫含量、氮含量很低，在燃烧的过程中，氮、硫的氧化物释放较少，对酸雨的控制能起到相当大的贡献。生物质作为燃料时，由于它在生长时需要的二氧化碳和它燃烧时排放的二氧化碳的量相当，因而对大气的二氧化碳净排放量近乎为零，可有效减轻温室效应。

3）泛分布性。由于这样的特点，在缺乏煤炭的地方，可充分利用生物质能。

4）丰富性。据生物学家估算，地球陆地每年生产1000亿～1250亿 t 干生物质，海洋每年生产500亿 t 干生物质。生物质能源的年生产量远远超过全世界的总能量需求，相当于目前世界总能量的10～20倍，但目前的利用率不到3%。

二、生物质能的分类

依据来源的不同，将适合于能源利用的生物质分为林业资源、农业资源、生活污水和工业有机废水、城市固体废物及畜禽粪便等。

（1）林业资源　林业生物质资源是指森林生长和林业生产过程提供的生物质能源，包括薪炭林，在森林抚育和间伐作业中的零散木材、残留的树枝、树叶和木屑等；木材采运和加工过程中的枝丫、锯末、木屑、梢头、板皮和截头等；林业副产品的废弃物，如果壳和果核等。

（2）农业资源　农业生物质能资源是指农业作物（包括能源作物）；农业生产过程中的废弃物，如农作物收获时残留在农田内的农作物秸秆（玉米秸、高粱秸、麦秸、稻草、豆秸和棉秆等）；农业加工业的废弃物，如农业生产过程中剩余的稻壳等。

（3）生活污水和工业有机废水　生活污水主要由城镇居民生活、商业和服务业的各种排水组成，如冷却水、洗浴排水、盥洗排水、洗衣排水、厨房排水及粪便污水等。工业有机废水主要是酿酒、制糖、食品、制药、造纸及屠宰等行业生产过程中排出的废水等，其中都富含有机物。

（4）城市固体废物　城市固体废物主要是由城镇居民生活垃圾，商业、服务业垃圾和少量建筑业垃圾等固体废物构成。其组成比较复杂，受当地居民的平均生活水平、能源消费结构、城镇建设、自然条件、传统习惯及季节变化等因素影响。

（5）畜禽粪便　畜禽粪便是畜禽排泄物（含沼气）的总称，它是其他形态生物质（主要是粮食、农作物秸秆和牧草等）的转化形式，包括畜禽排出的粪便、尿及其与垫草的混合物。

（6）沼气　沼气也是由生物质能转换的一种可燃气体，通常可以供农家用来烧饭、照明。

三、生物质能利用的主要技术

生物质直接燃烧技术是生物质能源转换中相当古老的技术，人类对能源的最初利用就是从木柴燃火开始的。我国许多史籍中都有关于原始洪荒时代人工取火的传说。例如《河图挺佐辅》记载："伏羲禅于伯牛，错木取火"；《庄子·外物》则曰："木与木相摩则然（燃）"。这些古老的记载说明了我国古代人民在伏羲氏时代就已经知道使用"错木取火"的方法来获取能源了。从能量转换的观点来看，生物质直燃是通过燃烧将化学能转换为热能加以利用，是最普通的生物质能转换技术。

生物质能一直是人类赖以生存的重要能源，在整个能源系统中占有重要地位。有关专家估计，生物质能极有可能成为未来可持续能源系统的组成部分，到22世纪中叶，采用新技术生产的各种生物质替代燃料将占全球总能耗的40%以上。

目前，人类对生物质能的利用包括直接用作燃料的农作物的秸秆、薪柴等，间接作为燃料的农林废弃物、动物粪便、垃圾及藻类等，它们通过微生物作用生成沼气或采用热解法制造液体和气体燃料，也可制造生物炭。生物质能是世界上最为广泛的可再生能源。

现代生物质能的利用是通过生物质的厌氧发酵制取甲烷，用热解法生成燃料气、生物油和生物炭，用生物质制造乙醇和甲醇燃料，以及利用生物工程技术培育能源植物，发展能源农场，利用生物质能发电。

四、国内外生物质能开发利用的现状

目前，我国已经建设乡村农户用沼气池1870万处，生活污水净化沼气池14万处，畜禽养殖场和工业废水沼气工程2000多处，年产沼气约90亿m^3，为近8000万农村人口提供了优质的生活燃料。

我国已经开发出多种固定床和流化床气化炉，以秸秆、木屑、稻壳、树枝为原料生产燃气。用于木材和农副产品烘干的有 800 多台，村镇级秸秆气化集中供气系统近 600 处，年产生物质燃气可达 2000 万 m^3。

2017 年 12 月底，国家发展和改革委员会、国家能源局联合印发的《关于促进生物质能供热发展的指导意见》明确指出，生物质能供热绿色低碳、经济环保，是重要的清洁供热方式。到 2020 年，我国生物质热电联产装机容量目标超过 1200 万 kW，生物质成型燃料年利用量约 3000 万 t，生物质燃气年利用量约 10 亿 m^3，生物质能供热合计折合供暖面积约 10 亿 m^2，年直接替代燃煤约 3000 万 t。生物质直燃发电厂外观如图 6-1 所示。

在国外，如日本的阳光计划、印度的绿色能源工程、美国的能源农场和巴西的酒精能源计划等，生物质能源的开发利用都占有相当大的比重。目前，国外的生物质能技术和装置多已达到商业化应用程度，实现了规模化产业经营，以美国、瑞典和奥地利三国为例，生物质转换为高品位能源的利用已具有相当可观的规模，分别占该国一次能源消耗量的 4%、16% 和 10%。在美国，生物质能发电的总装机容量已超过 10000MW，单机容量已达 10 ~ 25MW；美国纽约的斯塔藤垃圾处理站投

图 6-1　生物质直燃发电厂外观

资 2000 万美元，采用湿法处理垃圾，回收沼气，用于发电，同时生产肥料。巴西是乙醇燃料开发应用最有特色的国家，实施了世界上规模最大的乙醇开发计划，目前乙醇燃料已占该国汽车燃料消费量的 50% 以上。美国开发出利用纤维素废料生产酒精的技术，建立了 1MW 的稻壳发电示范工程，年产酒精 2500t。

五、生物质能开发利用的前景

我国是一个人口大国，又是一个经济迅速发展的国家，面临着经济增长和环境保护的双重压力。因此，改变能源的生产和消费方式，开发利用生物质能等可再生清洁能源，对建立可持续的能源系统，促进国民经济发展和环境保护具有重大意义。

开发利用生物质能对我国农村更具特殊意义。我国农村人口众多，秸秆和薪柴等生物质是农村的主要生活燃料。尽管煤炭等商品能源在农村的使用迅速增加，但生物质仍占有重要地位。发展生物质能技术，为农村地区提供生活和生产用能，是帮助这些地区脱贫致富，实现小康目标的一项重要任务。

生物质能高新转换技术不仅能够大大加快村镇居民实现能源的现代化进程，满足农民富裕后对优质能源的迫切需求，同时也可在乡镇企业等生产领域中得到应用。由于我国地广人多，常规能源不可能完全满足广大农村人口日益增长的需求，而且由于国际上正在制定各种有关环境问题的公约，限制二氧化碳等温室气体排放，这对以煤炭为主要能源的我国是很不利的。因此，立足于农村现有的生物质资源，研究新型转换技术，开发新型装备既是农村发展的迫切需要，又是减少排放、保护环境，实施可持续发展战略的需要。

2016 年底，国家能源局发布关于《生物质能发展"十三五"规划》，规划中指出到 2020 年，生物质能基本实现商业化和规模化利用。生物质能年利用量约 5800 万 t 标准煤。生物质发电总装机容量达到 1500 万 kW，年发电量 900 亿 kW·h，其中农林生物质直燃发电 700 万 kW，城镇生活垃圾焚烧发电 750 万 kW，沼气发电 50 万 kW；生物天然气年利用量 80 亿 m³；生物液体燃料年利用量 600 万 t；生物质成型燃料年利用量 3000 万 t。

第二节　生物质能转化技术

生物质能转化技术有物理转化、化学转化和生物转化等方式，如图 6-2 所示。

一、物理转化技术

物理转化技术是指生物质经加工制成有利于贮存和运输的各种形状的固体燃料。

农业和林业生产过程中所产生的大量废弃物通常松散地分散在大面积范围内，具有较低的堆积密度，给收集、运输和贮藏带来了一定困难。由此人们提出如果能够将农业和林业生产的废弃物压缩为成型燃料，提高能源密度，不仅可以解决上述问题，而且还可以形成商品能源。

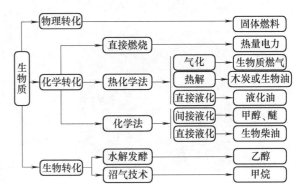

图 6-2　生物质能转化技术

将分布散、形体轻、储运困难及使用不便的纤维素生物质，经压缩成型和炭化工艺，加工成燃料，能提高容量和热值，改善燃烧性能，成为商品能源。这种转化技术称为生物质压缩成型技术或致密固化成型技术，这种被压缩后的物质称为生物质颗粒。生物质压缩成型技术如图 6-3 所示。

图 6-3　生物质压缩成型技术

二、化学转化技术

生物质能的化学转化技术主要有生物质的直接燃烧、气化和热解三种途径。

1. 生物质直接燃烧

生物质直接燃烧技术是生物质能源转化中相当古老的技术，人类对能源的最初利用就是从木柴燃火开始的。从能量转换的观点来看，生物质直燃是通过燃烧将化学能转化为热能加以利用，是最普通的生物质能转换技术。

（1）灶与炕连灶　现阶段，我国农村生活用能结构虽然发生了一定的变化，但薪柴、秸秆等生物质仍占消费总能量的 50% 以上，是农村生活中的主要能源。这种能源消费结构在相当长的时期内不会发生质的变化。因此，在农村，特别是偏远山区，生物质炉灶仍然是农民炊事、取暖的主要生活用能设备。生物质炉灶如图 6-4 所示。

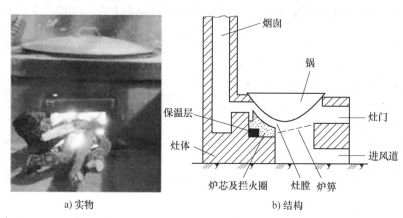

a）实物　　　　　　　　　　　　b）结构

图 6-4　生物质炉灶

炕（俗称火炕）是我国北方农村居民取暖的主要设施，是睡眠与家务活动的场所。炕的热量一般来源于炊事用的柴灶，炕与灶相连，故称为炕连灶。也有专为取暖供热的炕，如西北的煨炕、东北的地炕、连体炕都是在炕内设一烧火的坑。连体炕实物及结构如图 6-5 所示。

（2）生物质现代化燃烧技术　传统生物质直燃技术虽然在一定时期内满足了人类取暖和饮食的需要，但普遍存在能量利用率低、规模小等缺点。当生物质燃烧系统的功率大于 100kW 时（例如，在工业过程、区域供热、发电及热电联产领域），一般采用现代化的燃烧技术。

工业用生物质燃料包括木材工业的木屑和树皮、甘蔗加工中的甘蔗渣等。目前，法国、瑞典、丹麦、芬兰和奥地利是利用生物质能供热最多的国家，利用中央供热系统通过专用的网络为终端用户提供热水或热量。生物质现代化燃烧系统如图 6-6 所示。

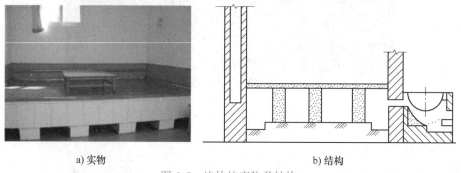

a）实物　　　　　　　　　　　　b）结构

图 6-5　连体炕实物及结构

（3）**生物质直燃发电技术**　现代生物质直燃发电技术诞生于丹麦。自20世纪70年代世界石油危机以来，丹麦推行能源多样化政策。该国BWE公司率先研发出秸秆等生物质直燃发电技术，并于1988年建成了世界上第一座秸秆发电厂。如今，丹麦的秸秆发电技术现已走向世界，被联合国列为重点推广项目。在发达国家，生物质燃烧发电已占可再生能源（不含水电）发电量的70%，例如，在美国，

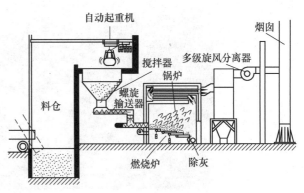

图6-6　生物质现代化燃烧系统

与电网连接以木材为燃料的热电联产总装机容量已经超过7GW。截至2015年，全球生物质发电装机容量约1亿kW，其中美国1590万kW、巴西1100万kW。生物质热电联产已成为欧洲，特别是北欧国家重要的供热方式。生活垃圾焚烧发电发展较快，其中日本垃圾焚烧发电处理量占生活垃圾无害化处理量的70%以上。截至2015年，我国生物质发电总装机容量约1030万kW，其中，农林生物质直燃发电约530万kW，垃圾焚烧发电约470万kW，沼气发电约30万kW，年发电量约520亿kW·h，我国生物质发电技术基本成熟。我国第一个生物质直燃发电示范项目——国能单县25MW生物质发电厂，于2006年11月建成并网运行。该电厂生物质燃料年消耗15万t，年发电0.18TW·h，与同等规模燃煤火电厂相比，每年减少SO_2排放量达600多t，年可节省标准煤近40万t。根据国家发改委的要求，五大电力公司到2020年清洁燃料发电要占到总发电的5%以上。

（4）**固体废弃物焚烧利用**　顾名思义，固体废弃物焚烧利用就是使固体废弃物在焚烧炉中充分燃烧，再将燃烧释放出来的热量通过供暖或者发电加以利用的一种处理方法。通过焚烧处理，固体废弃物的剩余物体积可减少90%以上，质量可减少80%以上。一些危险固体废弃物焚烧后，可以破坏其组织结构或杀灭病菌，减少新污染物的产生，从而避免了二次污染。可见，固体废弃物通过焚烧处理，能同时实现减量化、无害化和资源化，是一种重要的处理途径。固体废弃物焚烧系统如图6-7所示，现代化垃圾焚烧厂如图6-8所示。

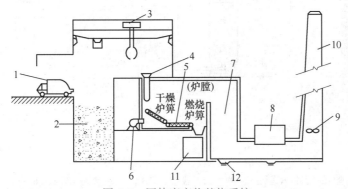

图6-7　固体废弃物焚烧系统

1—运料卡车　2—储料仓库　3—吊车　4—装料斗　5—炉箅　6—鼓风机　7—废热回收装置
8—尾气净化装置　9—引风机　10—烟囱　11—灰渣斗　12—冲灰渣沟

图6-8　现代化垃圾焚烧厂

2. 生物质气化技术

在原理上，气化和燃烧都是有机物与氧发生反应。其区别在于，燃烧过程中氧气是足量或者过量的，燃烧后的产物是二氧化碳和水等不可再燃的烟气，并放出大量的反应热，即燃烧主要是将生物质的化学能转化为热能；而生物质气化是在一定的条件下，只提供有限氧的情况下使生物质发生不完全燃烧，生成一氧化碳、氢气和低分子烃类等可燃气体，即气化是将化学能的载体由固态转化为气态。与燃烧相比，气化反应中放出的热量小得多，气化获得的可燃气体再燃烧可进一步释放出其具有的化学能。生物质气化技术首次商业化应用可追溯到1833年，当时是以木炭作为原料，经过气化器生产可燃气，驱动内燃机应用于早期的汽车和农业灌溉机械。第二次世界大战期间，生物质气化技术的应用达到了高峰，当时大约有100万辆以木材或木炭为燃料提供能量的车辆运行于世界各地。20世纪50年代，我国由于面临着能源匮乏的困难，也采用气化的方法为汽车提供能量。20世纪70年代，能源危机的出现，重新唤起了人们对生物质气化技术的兴趣，以各种农业废弃物、林业废弃物为原料的气化装置生产可燃气，可以作为热源用于发电或生产化工产品（如甲醇、二甲醚及氨等）。生物质气化炉及供热原理图如图6-9所示。

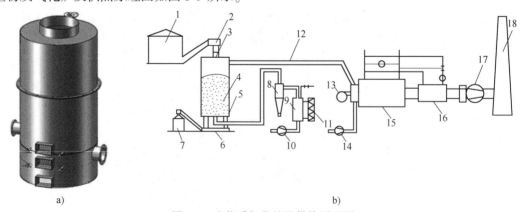

a)　　　　　　　　　　　　　　　　　　　　b)

图6-9　生物质气化炉及供热原理图

1—燃料仓　2—燃料输送机　3—燃料吸入器　4—气化炉　5—灰分清除器　6—灰分输送机

7—灰分储箱　8—沉降分离器　9—加湿器　10—气化进气风机　11—直管式热交换器

12—烟气管道　13—可燃气燃烧器　14—燃烧进气风机　15—燃气锅炉

16—省煤器　17—排气风机　18—烟筒

生物质气化有多种形式，按照气化介质的不同，可将生物质气化分为使用气化介质和不使用气化介质两大类。不使用气化介质的称为干馏气化；使用气化介质的又可按照气化介质的不同分为空气气化、氧气气化、水蒸气气化、水蒸气—氧气混合气化和氢气气化等。

生物质气化炉是气化反应的主要设备。生物质气化技术的多样性决定了其应用类型的多样性。在不同地区选用不同的气化设备和不同的工艺路线来使用生物质燃气是非常重要的。生物质气化技术的基本应用方式主要有以下四个方面：供热、供气、发电和化学品合成。生物质气化供热是指生物质经过气化炉气化后，生成的生物质燃气送入各下一级燃烧器中燃烧，为终端用户提供热能。此类系统相对简单，热利用率较高。

生物质气化集中供气技术是指气化炉生产的生物质燃气，通过相应的配套设备，为居民提供炊事用气。其基本模式为：以自然村为单元，系统规模为数十户至数百户，设置气化站，铺设管网，通过管网输送和分配生物质燃气到用户家中。生物质气化集中供气系统示意图如图6-10所示。

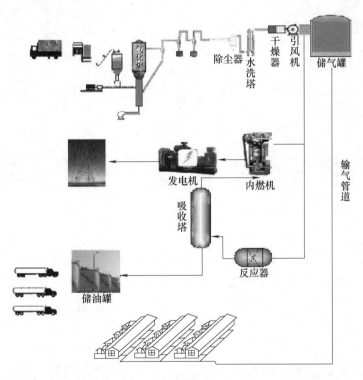

图6-10　生物质气化集中供气系统示意图

生物质气化发电技术是生物质清洁能源利用的一种重要方式，几乎不排放任何有害气体。在我国很多地区，普遍存在缺电和电价高的问题，近几年这一状况更加严重，生物质发电可以在很大程度上解决能源短缺和矿物燃料燃烧发电的环境污染问题。近年来，生物质气化发电的设备和技术日趋完善，无论是大规模还是小规模均有实际运行的装置。生物质气化发电工作流程如图6-11所示。

生物质气化合成化学品是指经气化炉生产的生物质燃气，经过一定的工艺合成为化学制品，目前主要包括合成甲醇、氨和二甲醚等。生物质气化合成甲醇、二甲醚的设备如图6-12所示。

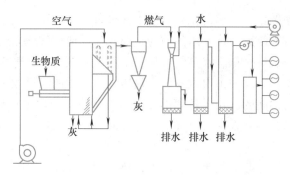

图 6-11　生物质气化发电工作流程

图 6-12　生物质气化合成甲醇、二甲醚的设备

3. 生物质热解

生物质热解又称热裂解或裂解，是指在隔绝空气或通入少量空气的条件下，利用热能切断生物质大分子中的化学键，使之转变为低分子物质的过程。根据热解条件和产物的不同，生物质热解工艺可以分为以下几种类型。

（1）烧炭　将薪炭放置在炭窑或烧炭炉中，通入少量空气进行热分解制取木炭的方法。一个操作期一般需要几天。炭窑及其固态产品——木炭如图 6-13 所示。

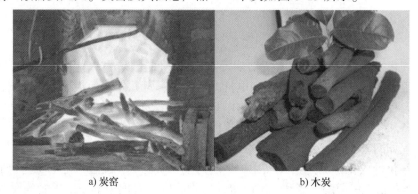

a) 炭窑　　　　　　　　　　　　　b) 木炭

图 6-13　炭窑及其固态产品——木炭

（2）干馏　将木材原料在干馏中隔绝空气加热，制取乙酸、甲醇、木焦油抗聚剂、炉木馏油和木炭等产品的方法。干馏炉如图6-14所示。

图6-14　干馏炉

（3）热解液化　把林业废料及农副产品在缺氧的情况下中温（500～650℃）快速加热，然后迅速降温使其冷却为液态生物原油的方法。生物质热解液化设备及其产品如图6-15所示。

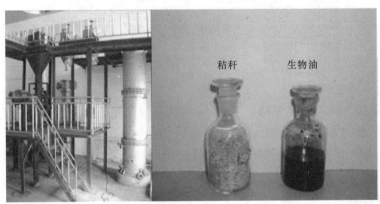

图6-15　生物质热解液化设备及其产品

上述转化技术与产物的相互关系如图6-16所示。

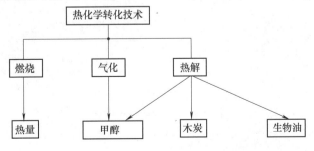

图6-16　转化技术与产物的相互关系图

三、生化转化技术

生物质生化转化是依靠微生物或酶的作用，对生物质进行生物转化，生产出如乙醇、氢、甲烷等液体或者气体燃料的技术。该技术主要针对农业生产和加工过程的生物质，如农作物秸秆、畜禽粪便、生活污水、工业有机废水和其他有机废弃物等。生物质生化转化技术主要包括水解发酵和沼气技术两大应用技术。生化转化技术设备及场所如图6-17所示。

图6-17　生化转化技术设备及场所

1. 生物质水解发酵

发酵法是采用各种含糖（双糖）、淀粉（多糖）、纤维素（多缩己糖）的农产品，农林业副产物及野生植物为原料，经过水解（使某一化合物裂解成两个或多个较简单化合物的化学过程）、发酵，使双糖、多糖转化为单糖，并进一步转化为乙醇。乙醇的转化过程如图6-18所示。

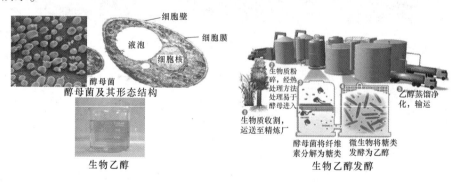

图6-18　乙醇的转化过程

2. 沼气发酵

沼气发酵又称为厌氧消化、厌氧发酵和甲烷发酵，是指有机物质（如人畜家禽粪便、秸秆及杂草等）在一定的水分、温度和厌氧条件下，通过种类繁多、数量巨大且功能不同的各类微生物的分解代谢，最终形成甲烷和二氧化碳等混合性气体（沼气）的复杂的生物化学过程。沼气集中供气如图 6-19 所示，沼气发酵的物质能量循环如图 6-20 所示。

图 6-19　沼气集中供气

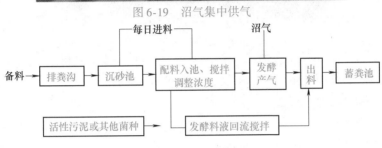

图 6-20　沼气发酵的物质能量循环

第三节　其他新技术

一、生物柴油

生物柴油（Biodiesel）又称为脂肪酸甲酯（Fatty acid methyl ester），是以植物果实、种子、植物导管乳汁或动物脂肪油及废弃的食用油"餐厨油（地沟油）"等作为原料，与甲醇或乙醇在催化剂及 230 ~ 250℃ 温度下进行反应生成的，并获得副产品——甘油。生物柴油可单独使用以替代柴油，具有含硫量低，可减少约 30% 的二氧化硫和硫化物的排放等优点，具有较好的润滑性能，可以降低喷油泵、发动机缸体和连杆的磨损，延长其使用寿命。生物柴油具有良好的燃料性能，而且在运输、贮存及使用等方面的安全性均优于普通柴油。此外，生物柴油是一种可再生能源，也是一种生物降解性较高的能源。

1. 生物柴油特性

生物柴油与常规柴油相比，具有无法比拟的性能。

1）优良的环保特性。主要表现在生物柴油中硫含量低，二氧化硫和硫化物的排放低，可减少约 30%（有催化剂时为 70%）的排放量；生物柴油中不含对环境造成污染的芳香族烷烃，因而废气对人体损害低于柴油，使用生物柴油可降低 90% 的空气毒性；由于生物柴油含氧量高，使其燃烧时排烟少，一氧化碳的排放与常规柴油相比可减少约 10%（有催化剂时为 95%）；生物柴油的生物降解性高。

2）具有较好的低温发动机起动性能。无添加剂冷滤点达 –20℃。

3）具有较好的润滑性能。使喷油泵、发动机缸体和连杆的磨损率降低，延长设备的使用寿命。

4）具有较好的安全性能。由于闪点高，生物柴油不属于危险品。因此，在运输、贮存及使用方面的优势是显而易见的。

5）具有良好的燃料性能。十六烷值高，使其燃烧性优于常规柴油，燃烧残留物呈微酸性，使催化剂和发动机机油的使用寿命加长。

6）具有可再生性。作为可再生能源，通过农业和生物科学家的努力，可供应量不会枯竭。

由于生物柴油燃烧所排放的二氧化碳远低于植物生长过程中所吸收的二氧化碳，因此，与使用常规柴油不同，理论上其使用量的增加不仅不会增加二氧化碳的排放量，反而会降低因二氧化碳的排放，因而能缓解全球气候变暖这个重大环境问题。生物柴油的原料供应有保证，价格较稳定。油料作物增产空间大，加之转基因技术可使油料含油达 70% 左右，有一定降价空间。

使用生物柴油时，只有 NO_x 的排放是上升的，而在燃料技术和柴油机技术领域，已经有多种技术措施能够不牺牲生物柴油的优点，减少 NO_x 的排放，故生物柴油的使用对降低发动机有害物的排放相当有利。

2. 生物柴油的缺点和局限

1）生物柴油黏度大（40℃时，菜籽油为 $4.2mm^2/s$；豆油为 $4.0mm^2/s$；石化柴油 $1.2 \sim 3.5mm^2/s$）。冬季来临时会变浓变厚，流动性变差。在冬季，目前还不能使用 B100 纯生物柴油[一]，只能使用 B20 生物柴油。

2）动力降低 8% ~ 10%。生物柴油的热值与常规柴油的热值相比为 32.8∶35.7 = 92%。在相同质量下，即动力约为石化柴油的 92%。

3）对发动机橡胶部件有腐蚀作用（1996 年之前的柴油车），但 B20 生物柴油不会腐蚀橡胶部件。

4）因生物柴油的分子较大，黏度较高，因而影响喷射时程，导致喷射效果不佳。

5）应用范围小。目前生物柴油在全球市场尚不及常规柴油，应用范围有限。在美国，生物柴油仅在为了环保规则、环保友善时以某些特殊价格出售，其主要使用（B20 生物柴油）范围包括联邦或州政府车队，都市公车、卡车、海运公园及矿区等。

6）生物柴油价格高。目前，国外生物柴油行业严重依赖政府的政策支持和价格补贴。

3. 生物柴油质量指标

世界上很多国家都制定了自己的生物柴油标准，主要的生物柴油标准有下面几种。

1）DIN51606：德国的生物柴油标准，被认为是世界上最严格的标准，所有的汽车制造商都认可此标准。

一　实际应用中，一般将生物柴油的体积比为 X% 的生物柴油混合燃料称为 BX，纯生物柴油为 B100，石化柴油为 B0，主要应用形式为 B5、B10 ~ B20 以及 B100 等类型。我们通常所说的生物柴油为 B100 类型，即纯生物柴油。目前全球很多国家已经采取了政策来推进生物柴油的使用，不同国家根据自身情况设定了相应的掺混标准。德国走在国际生物柴油前列，有部分汽车已可使用 B100 作为燃料。

2）EN590：2000 年开始在欧盟的 12 个国家适用，如冰岛、捷克、挪威、瑞士及法国等。

3）EN14214：基于 DIN51606 设立的欧盟新标准。

GB 25199—2017《B5 柴油》规定了由 BD100 生物柴油和石油柴油调合的 B5 柴油的术语、分类和标记、要求和试验方法、检验规则及标志、包装、运输和贮存的安全。该标准是一项相对比较高的标准。

4. 生物柴油的生产工艺及三废处理

生物柴油的生产方法分为物理法、化学法、物理化学法和生物法等多种。目前，生物柴油主要是用化学法生产，即用动物和植物油脂和甲醇或乙醇等低碳醇在酸或者碱性催化剂和高温下进行转酯化（酯交换）反应，生成相应的脂肪酸甲酯或乙酯，然后经洗涤干燥即得生物柴油。生物柴油的生产设备与一般制油设备相同，生产过程中可产生 10% 左右的副产品甘油。

（1）生产原料

1）植物油脂。主要成分为脂肪酸甘油酯和脂肪酸。

2）酸化油。主要成分为脂肪酸和脂肪酸甘油酯。

3）米糠油。主要成分为脂肪酸和脂肪酸甘油酯。

4）动物油脂。主要成分为脂肪酸和脂肪酸甘油酯。

5）地沟油。主要成分为脂肪酸甘油酯和脂肪酸。

（2）生产辅料

1）甲醇（含量 95% 以上）。

2）固体酸酯化催化剂（含氧化硅）。

3）工业级碳酸钠。

4）工业级氢氧化钾。

5）脱色剂。主要成分是次氯酸钙。

6）活性白土。油脂专用吸附剂，主要用于植物油、动物油、明胶及甘油等黏稠度较高的产品脱色和精制。专用于液体葡萄糖、麦芽糖、蔗糖等糖类脱色与精制，也适用酿酒、柠檬酸及味精等产品脱色与净化。

（3）生物柴油的生产工艺 生物柴油的制备方法主要分为四种：直接混合法、微乳液法、高温热裂解法和化学酯交换法。其中，前两种方法属于物理方法，虽然简单易行，能降低动植物油的黏度，但所得生物柴油十六烷值不高，低温稳定性差，燃料积炭及润滑油污染等问题难以解决。后两种方法属于化学法。目前真正用于工业生产并有实用价值的主要是化学法。

1）物理法。包括微乳液法和直接混合法。微乳液法是利用乳化剂将植物油分散到黏度较低的溶剂中，从而将植物油稀释，降低黏度，满足作为燃料油的要求。微乳液法易受到环境条件的限制，环境条件的变化会引起破乳现象的发生，使得燃料的性质不稳定，不能达到普遍使用的目的。直接混合法又称为稀释法，是将天然油脂与石化柴油、溶剂及醇类按照不同的比例直接混合后作为燃料使用。相关研究表明，长期使用直接混合的生物柴油会出现污染柴油机喷嘴、积炭、活塞环粘连及润滑油变质等问题。

2）化学法。包括高温热裂解法和化学酯交换法。高温热裂解法是在空气或氮气流中，由热能引起化学键断裂而产生小分子的过程。甘油三酯高温热裂解可生成一系列混合物，包括烷烃、烯烃、芳香烃和核酸等。热裂解法可以有效地保证产品的质量，并且适合长期使用，高温热裂解法虽然过程简单，没有污染物产生，但缺点是在高温下，裂解设备昂贵，反应程度较难控制，且高温热裂解法的主要产品是生物汽油，生物柴油只是其副产品，故产品成本很高，不适合工业化生产及广泛使用。

目前工业化生产生物柴油的主要方法为化学酯交换法。该反应可用酸、碱或酶作为催化剂。化学酯交换法生产生物柴油的过程主要包括：酯化反应，即油脂的醇解或脂肪酸的酯化；甲醇的精馏回收；粗品脂肪酸甲酯的精馏提纯；副产品甘油的提纯等。其核心工序是酯交换。下面介绍酯化反应和吸附精制的过程。

① 酯化反应。由于生产生物柴油的原料不同，其生产原理也不同。以动植物油脂为原料生产生物柴油的原理是甘三酯与甲醇发生醇解反应；而用脂肪酸为原料时，则是用脂肪酸与甲醇发生酯化反应。发生酯化反应的过程式如下：

$$加入催化剂 \downarrow$$

$$R-COOH + CH_3OH \longrightarrow R-COOCH_3 + H_2O$$

$$\downarrow 生物柴油$$

发生酯化反应的工艺条件为：催化剂为酸性、碱性或酶。

a）酸催化法。酸催化法用到的催化剂为酸性催化剂，主要有硫酸、盐酸和磷酸等。在酸催化条件下，游离脂肪酸会发生酯化反应。该方法适用于游离脂肪酸和水分含量较高的油脂制备生物柴油，其产率较高，但反应温度和压力也较高，甲醇用量大，反应速度慢，反应设备需要使用不锈钢材料。因此，工业上酸催化法受到关注的程度远小于碱催化法。

b）碱催化法。碱催化法采用的催化剂为碱性催化剂，一般为 NaOH、KOH、NaOH 以及有机胺等。在无水的情况下，碱性催化剂酯交换的活性通常比酸性催化剂高。传统的生产过程是采用在甲醇中溶解度较大的碱金属氢氧化物作为均相催化剂，它们的催化活性与其碱性强弱相关。在碱金属氢氧化物中，KOH 比 NaOH 具有更高的活性。用 KOH 作为催化剂进行酯化反应典型的条件是：甲醇用量为 5%～21%，KOH 用量为 0.1%～1%，反应温度为 25～60℃。而用 NaOH 作为催化剂时，通常要在 60℃下反应才能得到相应的反应速率。碱催化法可在低温下获得较高的产率，但它对原料中游离脂肪酸和水的含量却有较高的要求。在反应过程中，游离脂肪酸会与碱发生皂化反应产生乳化现象，所含水分则能引起酯水解，进而发生皂化反应，同时它也能减弱催化剂的活性，结果会使甘油相和甲酯相变得难以分离，从而使反应后的处理过程变得繁杂。因此，使用氢氧化钾及氢氧化钠等做碱性催化剂时，常常要求油料酸价小于 1，水分小于 0.06%。然而，几乎所有油料都含有较高的脂肪酸和水分，为此，工业上一般要对原料进行脱水、脱酸处理，或预酯化处理，使工艺复杂性和成本增加。除了通常使用的无机碱作为催化剂外，也有使用有机碱作为催化剂的，常用的有机碱催化剂包括有机胺类、胍类化合物。

采用传统酸碱催化法制备生物柴油时，油料转化率高，可以达到 99% 以上，但酸碱催化剂不容易与产物分离，产物中存在的酸碱催化剂必须进行中和和水洗，从而产生大量的污水，酸碱不能重复使用，催化剂成本较高。此外，酸碱催化剂对设备有较强的腐蚀性。

c）酶催化法。近年来，人们开始关注酶催化法制备生物柴油技术，即用脂肪酶催化动植物油脂与低碳醇间发生酯化反应，生成相应的脂肪酸酯。脂肪酶来源广泛，且反应条件温和，无需辅助因子。利用脂肪酶还能进一步合成其他一些高价值的产品，包括可生物降解的润滑剂以及用于燃料和润滑剂的添加剂，这些优点使脂肪酶成为生物柴油生产中一种适宜的催化剂。用于合成生物柴油的脂肪酶主要是酵母脂肪酶、根霉脂肪酶、毛霉脂肪酶及猪胰脂肪酶等。

在生物柴油的生产中，直接使用脂肪酶催化也存在着一些问题，如脂肪酶在有机溶剂中易聚集，因而催化效率较低。目前，脂肪酶对短链脂肪醇的转化率较低，不如对长链脂肪醇的酯化或转酯化有效，而且短链脂肪醇对酶有一定的毒性，使酶的使用寿命缩短。脂肪酶的价格昂贵，生产成本较高，限制了其在工业规模生产生物柴油中的应用。

d）超临界酯交换法。超临界酯交换法是近年来才发展起来的制备生物柴油的方法。在超临界流体参与下进行酯化反应。在反应中，超临界流体既可作为反应介质，也可直接参加反应。超临界酯交换法合成生物柴油是在间歇反应器中进行，温度为 $350 \sim 400℃$，压力为 $45 \sim 65MPa$，菜籽油与甲醇的摩尔比为 1：42。研究发现，经超临界处理，甲醇在无催化剂的情况下能很好地与菜籽油发生酯化反应，其产率高于普通碱催化法。超临界酯交换法和传统催化法的反应机理相同，传统催化法是在低温下使用催化剂进行催化，而超临界酯交换法是在高温高压下反应，无需催化剂。传统催化法的反应时间为 $1 \sim 8h$，而超临界酯交换法只需 $2 \sim 4min$，大大缩短了反应时间，可以进行连续操作。传统催化法生产过程中有皂化产物生成，而超临界酯交换法则不会生成皂化产物，从而简化了产品的后续处理过程，降低了生产成本。与传统催化法相比，超临界酯交换法工艺流程简单，产品收率高。可见，超临界酯交换法和传统催化法相比具有很大的优势。但是，由于超临界酯交换制备生物柴油的方法需要在高温高压条件下进行，会导致较高的生产费用和能量消耗，使得工业化困难，因而需要进一步地研究开发。

② 吸附精制。针对生物柴油的水洗精制工艺，近年来国外已开发成功采用吸附剂来吸附精制技术。采用的吸附剂为 1% ~2% 活性白土，在常压 90 ~110℃下精制。吸附精制过程中有 1% ~2% 的固体废渣产生。以餐厨油为例，具体工艺流程如下：

```
              甲醇加催化剂   甲醇(去精馏)  脱色剂        白土
     加热    加热  ↓  加热    ↑   加热  ↓   加热  ↓
地沟油等 → 沉降 → 酯化反应 → 甲醇回收 → 脱色反应 → 白土精制 → 过滤 → 成品
     80℃ ↓90℃      ↓    90℃        80℃      110℃            ↓
     去杂去水    水                                       白土渣
```

（4）三废处理

1）废水。将少量含甲醇的酸性废水集中收集，经活性炭吸附、碱中和处理后，经检测符合国家排放标准后直接排放。

2）废渣。将白土精制废渣装入编织袋直接外售，可用于窑炉燃料。

3）废气。生物柴油生产过程中产生的废气很少，将废气与水接触，可得到低碳醇和二烷基醚的液相产物，处理成本低廉。

二、生物质制氢

2014 年，全球生物质供应量已增至 59.2EJ，比 2013 年增长 2.6%。占全球能源供应的

10.3%。生物质供应量占可再生能源供应总量的四分之三。生物能源作为最大的可再生能源，总消费量为50.5EJ，占全球能源结构的14%。从资源本身的属性来说，生物质是能量和氢的双重载体，生物质自身的能量足以将其含有的氢分解出来，通过合理的工艺，还可利用多余的能量额外分解水，得到更多的氢。生物质能是低硫和二氧化碳零排放的洁净能源，可避免化石能源制氢过程对环境造成的污染，从源头上控制二氧化碳排放。因此，这种基于可再生能源的氢能路线是真正意义上环境友好的洁净能源技术。

生物质由 C、H、O、N、S 等元素组成，被喻为即时利用的绿色煤炭，它不仅资源丰富，而且具有易挥发组分高，炭活性高，硫、氮含量低（S：0.1% ~ 1.5%；N：0.5% ~ 3%），以及灰分低（0.1% ~ 3%）等优点。

生物质制氢的方法有生物质催化气化制氢、生物质热裂解制氢、生物质超临界转换制氢及生物法制氢等。

1. 生物质催化气化制氢

生物质催化气化制氢是加入水蒸气的部分氧化反应，类似于煤炭气化的水煤气反应，得到含氢和较多一氧化碳的水煤气，然后进行变换反应，使一氧化碳转变，最后分离出氢气。由于生物质气化会产生较多的焦油，研究者在气化器后采用催化裂解的方法以降低焦油并提高燃气中氢的含量，催化剂为镍基催化剂或较便宜的白云石、石灰石等。气化过程可采用空气或富氧空气与水蒸气一起作为气化剂，产品气主要是氢、一氧化碳和少量二氧化碳。气化介质不同，燃料气的组成及焦油含量也不同。使用空气时，由于氮的加入，使气化后燃气体积增大，增加了氢分离的难度；使用富氧空气时，需增加富氧空气制取设备。

2. 生物质热裂解制氢

生物质热裂解制氢的温度一般为650 ~ 800K，压力为0.1 ~ 0.5MPa。生物质热裂解制氢是对生物质进行间接加热，使其分解为可燃气体和烃类（焦油），然后对热裂解产物进行二次催化裂解，使烃类物质继续裂解以增加气体中氢的含量，再经过化学反应将一氧化碳也转变为氢气，然后进行气体分离。通过控制热裂解温度、物料停留时间及热裂解气氛来达到制氢目的。由于热裂解反应不加入空气，得到的是中热值燃气，燃气体积较小，有利于气体分离。该方法需考虑残碳和尾气的回收利用，以提供热裂解反应的热量。

3. 生物质超临界转换制氢

该技术对含水质量分数在35%以上的生物质、泥煤制氢特别适用，能够达到98%的高转化率，几乎不生成焦油和半焦，且气相中氢气的体积分数可达50%以上。超临界转换制氢是将生物质原料与一定比例的水混合后，置于压力为22 ~ 35MPa、温度为450 ~ 650℃的超临界条件下进行反应，完成后产生氢含量较高的气体和残碳，再进行气体分离。由于超临界状态下水具有介电常数低、黏度小和扩散系数高的特点，因而具有良好的扩散传递性能，可降低传质阻力和溶解大部分有机成分和气体，使反应成为均相反应，加速反应进程。超临界水气化制氢的反应压力和温度都较高，设备和材料的工艺条件比较苛刻。

4. 生物法制氢

（1）厌氧发酵有机物制氢　许多专性厌氧和兼性厌氧微生物能厌氧降解有机物产生氢气，这些微生物也被称为化学转化细菌，如丁馥棱状芽孢杆菌等。厌氧发酵有机物制氢是通过厌氧微生物（细菌）利用多种底物在氮化酶或氢化酶的作用下将底物分解制取氢气。底物包括甲酸、丙酮酸、CO 和各种短链脂肪酸等有机物、硫化物、淀粉纤维素等糖类。这些物质广泛存在于工农业生产的污水和废弃物中。

厌氧发酵有机物制氢的过程是在厌氧条件下进行的，因此 O_2 的存在会抑制产氢生物催化剂氮化酶和氢化酶的合成与活性。由于化学转化细菌的高度专一性，不同的菌种所能分解的底物也有所不同，因此，要实现底物的彻底分解处理并制取大量的 H_2，还应考虑不同菌种的共同培养。

（2）光合细菌和藻类制氢　光合细菌和藻类制氢都是在一定的光照条件下，菌种和藻类分解底物产生氢气。目前研究较多的主要有颤藻属、深红红螺菌、球形红假单胞菌、深红假单胞菌、球形红微菌及液泡外硫红螺菌等。光合细菌制氢的机制，一般认为是光子被捕获到光合作用单元，其能量被送到光合反应中心（RC）进行电荷分离，产生高能电子并造成质子梯度，从而合成三磷酸腺苷（ATP）。另外，经电荷分离后的高能电子产生还原型铁氧还原蛋白，固氮酶利用三磷酸腺苷和铁氧还原蛋白进行氢离子还原，生成氢气。

三、能源植物

随着化石能源的不断枯竭，人们开始在世界范围内寻找替代能源。许多国家都在进行替代能源的研究，能源植物的研究便应运而生。顾名思义，能源植物就是可以用作能源的植物，通常是指那些可产生接近石油成分和可替代石油产品的植物，以及富含油脂的植物。

目前，大多数能源植物尚处于野生或半野生状态，人类正在研究应用遗传改良、人工栽培或先进的生物质能转换技术等，以提高利用生物能源的效率，生产出各种清洁燃料，从而替代煤、石油和天然气等化石燃料，减少对矿物能源的依赖，保护国家能源资源，减轻能源消费给环境造成的污染。据估计，绿色植物每年固定的能量相当于 600 亿 ~ 800 亿 t 石油，即全世界每年石油总产量的 20 ~ 27 倍，约相当于世界主要燃料消耗的 10 倍。而绿色植物每年固定的能量作为能源的利用率，还不到其总量的 1%。世界上许多国家都开始开展能源植物或石油植物的研究，并通过引种栽培，建立新的能源基地，如石油植物园、能源农场等，以此满足对能源结构调整和生物质能源的需要。我国是利用能源植物较早的国家，但基本上局限在直接燃烧、制炭等初级阶段。近年来，我国能源植物的研究发展速度较快。研究内容涉及油脂植物的分布、选择、培育、遗传改良等及其加工工艺和设备。同时，我国政府对生物燃料非常重视，制定了多项指导性政策以促进其发展。

1. 富含类似石油成分的能源植物

续随子、绿玉树、西谷椰子、巴西橡胶树、西蒙得木、麻风树及油楠等均属此类植物。例如，巴西橡胶树分泌的乳汁与石油成分极其相似，不需提炼就可以直接作为柴油使用，每株树年产量高达 40L。我国海南省的特产植物油楠的树干含有一种类似煤油的淡棕色可燃性油质液体，在树干上钻个洞，就会流出这种液体，也可以直接用作燃料油。富含类似石油成分的能源植物如图 6-21 所示。

2. 富含高糖、高淀粉和纤维素等碳水化合物的能源植物

利用这些植物所得到的最终产品是乙醇。这类植物种类多，且分布广，如木薯、马铃薯、菊芋、甜菜以及禾本科的甘蔗、高粱、玉米等，它们都是生产乙醇的良好原料。富含碳水化合物的能源植物如图 6-22 所示。

a) 巴西橡胶树

b) 西蒙得木

c) 麻风树

d) 油楠

图 6-21　富含类似石油成分的能源植物

a) 高粱

b) 木薯

图 6-22　富含碳水化合物的能源植物

3. 富含油脂的能源植物

这类植物既是人类食物的重要组成部分，又是工业用途非常广泛的原料。对富含油脂的能源植物进行加工是制备生物柴油的有效途径。世界上富含油脂的植物达万种以上，我国有近千种，有的含油率很高，如桂北山鸡椒的种子含油率达64.4%，樟科植物黄脉钓樟的种子含油率高达67.2%。这类植物有些种类存储量很大，如种子含油率达15%~25%的苍耳子，广布于华北、东北及西北等地，资源丰富，仅陕西省的年产量就达1.35万t。集中分布于内蒙古、陕西、甘肃和宁夏的白沙蒿、黑沙蒿，种子含油率达16%~23%，蕴藏量高达50万t。空心莲子草、凤眼莲（水葫芦）等一些高等淡水植物也有很大的产油潜力。富含油脂的能源植物如图6-23所示。

a) 向日葵

b) 山鸡椒

图 6-23　富含油脂的能源植物

4. 用于薪炭的能源植物

这类植物主要提供薪柴和木炭，如杨柳科、桃金娘科桉属、银合欢属等。目前世界上较好的薪炭树种有加杨、意大利杨树及美国梧桐等。近年来，我国也发展了一些适合用作薪炭的树种，如紫穗槐、沙枣、旱柳及泡桐等，有的地方种植薪炭林 3～5 年就可见效，平均每公顷薪炭林可产干柴 15t 左右。美国种植的芒草可燃性强，收获后的干草能利用现有技术制成燃料，用于发电厂发电。用于薪炭的能源植物如图 6-24 所示。

a) 沙枣树   b) 芒草

图 6-24 用于薪炭的能源植物

思 考 题

1. 什么是生物质能？它有什么特点？
2. 人类是如何认识生物质能的，国内外的发展前景如何？
3. 生物质能的转化有哪些方式？
4. 地沟油是如何华丽转身的？
5. 举例说明能源植物的种类和特点。

第七章　核能及其利用

第一节　核能概述

一、核能利用的历史

核能（或称原子能）是指原子核结构发生变化时释放出的能量。核能是人类历史上的最伟大发明之一，这离不开早期科学家的探索发现，他们为核能的应用奠定了基础。1942年12月2日，美国著名科学家费米领导几十位科学家，在美国芝加哥大学成功启动了世界上第一座核反应堆，标志着人类从此进入了核能时代。在这以前，人类利用的能源只涉及物理变化和化学变化，当核能进入人们的生活和生产后，一种通过原子核变化而产生的新能源从此诞生。

1954年，苏联奥布宁斯克核电站并网发电，人类进入了和平利用核能的时代，揭开了核能用于发电的序幕。1956年，美国投入运行了第一台电功率为4500kW的沸水堆核电机组，法国和英国在1956年也各建成一台石墨气冷堆机组。1957年12月，美国建成了希平港压水堆核电站，中东战争将世界核电的发展推向了高潮。1970～1982年间，美国的核电从218亿度增加到3000亿度，增加了近12.8倍，核电在电力生产中比例从1.3%提高到16%；法国核电增加了20.4倍，核电在电力生产中比例从3.7%增加到40%以上；日本核电增加了21.8倍，核电在电力生产中比例从1.3%增加到20%。印度、巴西、阿根廷等发展中国家也建成了一批核电站。20世纪80年代以后，世界经济特别是发达国家的经济增长缓慢，因而对电力需求增长不快甚至下降。核电发展遇到重重困难。尤其是1986年苏联切尔诺贝利核电厂事故发生后，公众对核电产生了恐惧心理，形成了反对建核电站的一股强大势力。在这种情况下，公众和政府对核电的安全性要求不断提高，致使核电设计更复杂、政府审批时间加长、建造周期加长、建设成本上升，以致核电的经济竞争性下降。进入21世纪，由于核电安全技术的快速发展，高涨的天然气和煤炭价格使得核电显得便宜以及燃烧化石能源导致的严重环境污染和气候变暖现实，许多国家都将核能列入本国中长期能源政策中。但是2011年3月11日，日本大地震导致福岛核电站泄漏，又给人类利用核能敲响了警钟，日本大地震引发的核危机引起了人们对于核能安全的担忧，多国接连爆发反核能示威。随着人们对核能安全顾虑的升级，世界各国都面临着减少核电、发展其他安全能源的压力。

二、核能应用的基础

核能应用的物理学基础即原子核的质量亏损和结合能。原子核是由质子和中子组成的。质子和中子都称为核子。原子核的质量总是小于组成它的核子的质量和。把组成某一原子核的核子的质量和与该原子核质量的差值称为原子核的质量亏损，用 Δm 表示。

由质能转换关系式 $E = mc^2$ 可知，质量和能量是相互联系的。当一个系统的质量减小时，系统向外界释放能量，反之，系统吸收能量。

原子核的质量亏损说明：在核子组成原子核的过程中有能量放出。由质能关系式可得放出的能量 $\Delta E = \Delta mc^2$。这种自由核子结合成原子核时放出的能量称为原子核的结合能，用 B 表示。相反，若要让原子核分解为单个核子，原子核要从外界吸收相应的能量。

如果一个原子核是由 Z 个质子和 N 个中子组成，其质量为 m，则这一原子核的结合能为

$$B = (Zm_p + Nm_n - m)c^2 = \Delta mc^2$$

式中，m_p 和 m_n 分别为质子质量和中子质量。

不同核素的结合能差别很大。一般说来，核子数大的原子核结合能也大。原子核的结合能 B 与核子数 A 的比值称为比结合能，用 ε 表示。ε 常用的单位是兆电子伏/核子（MeV/Nu），比结合能表明了自由核子结合成原子核时平均每个核子释放出的能量。

三、核能的优势及用途

1. 核能的优势

当前，世界上的主要能源还是煤、石油、天然气这些化石燃料，但化石燃料是不可再生能源，用掉一点儿就少一点儿。燃烧化石燃料向大气排放大量的温室气体二氧化碳、形成酸雨的二氧化硫和氮氧化物，并排放大量的烟尘，这些有害的物质对环境造成了严重的破坏。为顺应低碳经济发展要求，积极发展核能等清洁优质能源已刻不容缓。

核能作为一种高效的清洁能源，是不能放弃的。首先，核能发电不像化石燃料那样向大气排放大量的污染物质，这就避免了大气污染的问题和一系列诸如温室效应等打破自然调节能力的不良效应；然后，核能发电所使用的铀燃料，除了发电外，其他用途较少，核燃料能量密度比起化石燃料高上几百万倍，故核能电厂所使用的燃料体积小，运输与储存都很方便，一座 10000kW 的核能电厂一年只需 30t 的铀燃料，一航次的飞机就可以完成运送；最后，核能发电的成本中，燃料费用所占的比例较低，核能发电的成本不易受到国际经济形势影响，故发电成本较其他发电方法稳定。因而，面对当今的环境问题和化石资源短缺问题，核能势必是我们获得能源的首选途径。

2. 核能的用途

核能与核技术目前正处于成长和成熟时期，其主要标志是基础核技术与核军事技术已趋于成熟，形成产业，并且具有相当可观的价值。其他方面尚有大量的新领域正待开发，因此世界各国都大量投入人力、物力进行开发，经济效益和社会效益激增。一些核研究人员和科学家估测，目前核技术应用的开发仅为其最大技术潜力的 30%～40%。核能与核技术强大的技术优势决定了其强有力的生命力，是其他技术无法取代的。它在解决人类面临的一些重大问题，如能源、环境、资源、人口和粮食等方面具有极为重要的作用，而且对于传统行业的改造和促进新技术革命的到来将产生深远的影响。

核能主要用于发电，但它在其他方面也有广泛的应用。下面是核技术分别在四个方面的应用。

（1）核能发电　截至 2016 年底，全球在运核电机组发电量达 2494.80TW·h，其中欧洲、北美洲和亚洲核能发电量占比分别为 43%、37% 和 18%；其中，亚洲核能发电量占比

从1990年的18.18%逐年增长至2010年的21.04%。由于2011年日本福岛核事故之后日本国内核电站基本处于关停状态，导致2011年之后亚洲核能发电量占比降低。

（2）核技术在工业方面的应用　我国的核能工业利用产业已经形成了一定的规模，在某些技术领域达到了世界先进水平。

1）辐射加工。即利用γ射线和加速器产生的电子束辐照被加工物体，使其品质或性能得以改善。辐射加工可以获得优质的化工材料，可以贮存和保鲜食品，可以消毒医疗器材，可以处理环境污染物等，是20世纪70年代的一门新技术，也称为辐射工艺。辐射加工技术在辐照过程中不受温度影响，可以在低温下或室温下进行，辐照对象可以是气态、液态或固态；γ射线或能量高的电子束穿透力强，可均匀深入到物体内部，因此可以在已包装或封装的情况下进行加工处理；辐射加工技术容易控制，适于连续操作，不必加其他化学试剂和催化剂，保证了产品纯度。

2）辐射聚合：又称辐射引发聚合。辐射聚合是应用高能电离射线（α射线、β射线、γ射线、X射线、电子束）辐射单体生成离子或自由基，形成活性中心而发生的聚合反应。将聚合物置于辐射场中，在高能电离射线的作用下，可以在固态聚合物中形成多种活性粒子，引发一系列的化学反应，从而使聚合物的诸多性能得到改善。

3）辐射降解：聚合物的辐射降解是聚合物在电离作用下主链断裂、分子量降低，结果使聚合物在溶剂中的溶解度增加，而相应的热稳定性、机械性能降低。

（3）核技术在农业上的应用　核农学是研究核素和核辐射及相关核技术在农业科学和农业生产中的应用及其作用机理的一门学科，核技术是增加农业产量、提高农产品品质的最有效手段之一，可为农业提供优质良种、控制病虫害、评估肥效、控制农药残余、保持营养品质、延长储存时间、鉴定粮食品质等。核农学是核技术在农业领域的应用所形成的一门交叉学科，主要涉及辐射诱导育种，肥料、农药、水等的示踪，辐射保鲜等内容。核技术农业应用已成为我国现代农业科学技术的重要组成部分。

1）同位素示踪技术。同位素示踪技术作为生命科学领域获取信息的重要手段之一，被认为是继显微镜之后，生命科学工作者发现的又一强有力的工具。同位素示踪技术在农业上的应用，解决了农业生产中的土壤、肥料、植物保护、动植物营养代谢及放射免疫等关键技术问题。它对揭示农牧渔业生产规律，改进传统栽培养殖技术，具有重要作用。例如：放射性物质加到被追踪生物体上，研究该生物体的运动规律等。利用同位素示踪技术与农艺技术相结合，可提高肥料、水分利用率，提高土地生产力，发展持续农业。

2）食品辐射保鲜技术。随着社会生产的发展，人类贮藏食品的方法不断改进，从自然干燥发展到胶水、冷冻与药物处理等贮藏技术。食品辐射保鲜技术是继这些传统贮藏方法之后发展起来的一种新的、独特的食品辐射贮藏方法。

该技术利用电离辐射的方法延长食品保藏时间，提高食品质量的新技术。它的基本原理是利用射线或加速器产生的粒子束流照射食品，引起一系列物理、化学或生物化学反应，达到杀虫、灭菌、抑制发芽、抑制成熟等目的，从而减少食品在贮存和运输中的耗损，增加供应量，延长货架期，提高食品的卫生品质。食品在射线作用下吸收的剂量不同，发生的变化也不相同。吸收剂量的大小对杀虫、灭菌、抑制生长发育和新陈代谢的作用有直接影响，关系到辐射保鲜的效果。所以，必须正确测量被照食品所吸收的剂量。

食品辐射保鲜技术具有节约能源，卫生安全，保持食品原来的色、香、味和改善品质等特点，应用越来越广泛，技术也日趋成熟。

3）辐射育种和遗传。辐射育种是利用射线处理动植物及微生物，使生物体的主要遗传物质——脱氧核糖核酸产生基因突变或染色体畸变，导致生物体有关性状的变异，然后通过人工选择和培育使有利的变异遗传下去，使作物（或其他生物）品种得到改良并培育出新品种。据不完全统计，我国利用辐射育种与相关技术相结合，在40余种植物上累计育成品种630余个，超过世界各国辐射育种总数（2252个）的1/4，年种植面积超过900万 hm^2 以上，约占我国各类作物种植面积的10%，每年为国家增产粮棉油33亿~40亿 kg。

辐照育种存在的主要问题是有益突变频率仍然较低，不确定性高，变异的方向和性质尚难控制。因此提高诱变效率，迅速鉴定和筛选突变体以及探索定向诱变的途径，是当前研究的重要课题。

（4）核技术在医学方面的应用　核医学是利用放射性核素所发出的核射线进行诊断、治疗疾病或进行医学研究的学科。核医学是核技术应用的重要领域之一，核医学发展到今天，已经集化学、放射学、医学、分子生物学和药理学等多学科知识于一体。在美国没有核医学设备的医院是不准开业的。在欧美发达国家，几乎每三个就诊的病人中就有一个采用核医学诊断和治疗，核医学的发展与核能科学的发展密切相关，是最广泛、最活跃的核能和平利用的部分。

核医学是对人体无创伤、安全而有效的诊断和治疗方法，它最重要的特点是能提供身体内各组织功能性的变化，而功能性的变化常发生在疾病的早期。人们比较熟悉的超声、CT、磁共振（MRI）检查可以提供人体解剖学变化的信息，核医学与它们相比，在某些情况下能更早地发现疾病，判断疾病的性质及发展程度。

四、核能利用的发展前景

在能源日益贫乏的当今社会，发展新能源和绿色能源是解决能源危机的关键，在保证安全的前提下，核能具有更大的发展潜力和发展优势，是人类最具希望的未来能源。

2011年日本福岛第一核电站发生事故后，世界各国都相继放缓核电发展步伐，有的国家甚至还公布了弃核计划。一系列外部和内部因素导致全球核电市场陷入沉寂，多年来市场表现乏善可陈。

美国并没有因福岛核电站事故而改变其既定的核电发展计划；俄罗斯也宣布在保证目前10座核电站33个机组运转外，计划在2020年至2030年间再建38个核电机组。

欧洲各国对核电发展的态度差别较大，瑞士、德国等少数国家宣布弃核，德国和瑞士分别决定于2022年和2034年之前完全弃核，而法国、英国、芬兰、捷克等国则表示将扩大核电装机容量。

日本福岛核电站事故后，我国同样暂停审批新核电项目并对全国核电厂进行全面安检，规模庞大的中国核电发展战略被坚决搁置。

我国《能源发展"十三五"规划》中给核电设立了一个高发展目标，提出"到2020年运行核电装机力争达到5800万 kW，在建核电装机达到3000万 kW以上"，在"十三五"电力供需总体宽松的大环境下，要求核电阔步前行，显示了我国对能源发展清洁转型的决心。随着核电技术水平提升和运行经验的积累，未来我国的核电站将具有更高的安全水平，核电在我国能源转型过程中的作用将更加突出。

第二节　核电技术

一切物质都是由原子构成的，核能就是由原子核发生某种变化而释放出来的。较轻的原子核融合成一个新核或重核分裂成其他新核都将释放出能量，分别称为核聚变和核裂变，目前人类能加以控制的是核裂变，因此核电站大都是利用核裂变进行发电的。核能发电利用铀燃料进行核分裂连锁反应所产生的热，将水加热成高温高压蒸汽，利用产生的水蒸气推动蒸汽轮机并带动发电机发电。核反应所放出的热量较燃烧化石燃料所放出的能量要高很多（相差约百万倍）。

一、核裂变反应堆

有些元素可以自发地放出射线，这些元素称为放射性元素。放射性元素可以放出三种看不见的射线：一种是 α 射线，就是氦原子核；一种是 β 射线，就是高速电子；一种是 γ 射线，就是高能光线。其中 γ 射线的穿透能力最强。当中子撞击铀原子核时，一个铀核吸收了一个中子而分裂成两个较轻的原子核，同时发生质能转换，放出很大的能量，并产生两个或 3 个中子，这就是核裂变反应。在一定的条件下，新产生的中子会继续引起更多的铀原子核裂变，这样一代代传下去，像链条一样环环相扣，所以科学家将其命名为链式裂变反应。1946 年，在法国居里实验室工作的我国科学家钱三强、何泽慧夫妇发现了铀原子核的"三裂变""四裂变"现象。

链式裂变反应能释放出巨大的核能，1kg 铀-235 裂变释放出的能量，相当于 2500t 标准煤燃烧产生的能量。只有铀-233、铀-235 和钚-239 这三种核素可以由能量为 0.025eV 的热中子引起核裂变。核燃料中只有铀-235 是天然存在的，而铀-233、钚-239 是在反应堆中人工生产出来的。铀-235 在天然铀中的含量仅为 0.7%。

核裂变反应堆是通过受控的链式裂变反应将核能缓慢地释放出来的装置，是和平利用核能的最主要的设施。它由发生核裂变反应的堆芯、中子反射层和慢化剂、导出热量的冷却回路、堆内结构材料及安全壳等组成。反应堆的种类繁多，根据用途不同可分为动力堆、生产堆和研究堆。动力堆是利用核裂变释放的能量来产生动力，进行发电、供热、推动船舰等。生产堆是利用中子生产新的核燃料。研究堆是利用中子进行基础科学和应用科学的研究。

二、核聚变装置

核聚变是指由质量小的原子，主要是指氘或氚，在一定条件下（如超高温和高压），发生原子核互相聚合作用，生成新的质量更重的原子核，并伴随着巨大的能量释放的一种核反应形式。由于激光核聚变具有非常重要的意义，世界各国都在加紧研究。下面是国际上几种有代表性的激光核聚变装置。

（1）托卡马克核聚变装置　托卡马克核聚变装置是一种利用磁约束来实现受控核聚变的环形容器，最初是由苏联科学家在 20 世纪 50 年代发明的。托卡马克核聚变装置的中央是一个环形的真空室，外面缠绕着线圈。工作时，有 20 束激光同时照射填充氢同位素靶的中心，其中 10 束从装置上方入射，另外 10 束则来自底部。在通电的时候，托卡马克核聚变装置的内部会产生巨大的螺旋形磁场，将其中的等离子体加热到很高的温度，以达到核聚变的目的。

（2）欧米伽升级装置与奈克装置　进入 20 世纪 90 年代，美国又有两个新的激光核聚变系统投入工作：一个是罗彻斯特大学激光能量实验室研究的欧米伽升级装置；另一个是美国海军研究实验室的奈克装置。

欧米伽升级装置采用钕玻璃激光的 3 倍频作为点火光源，单脉冲能量为 45kJ，但其脉宽只有 1ns，被认为是当时世界上功率最高的器件。该装置从研究、设计到建造共花费 6100 万美元。

奈克装置的研究者于 20 世纪 80 年代后期决定放弃钕玻璃激光器的研究，转而以氟化氪准分子激光为基础。后者具有波长更短（248nm）、效率较高等优点。奈克装置的研究、设计与建造的费用不到欧米伽升级装置的 1/3。

（3）法国"太阳神"激光核聚变装置　自 1986 年以来，一个被称为"太阳神"的激光核聚变装置在法国开始运转。太阳神由美国劳伦斯·利物莫国家实验室设计，该激光核聚变装置以钕玻璃激光器为基础，3 倍频后在 351nm 处产生脉宽 1ns 的脉冲，但脉冲能量只有 8kJ。

（4）日本的"新激光XII"和拍瓦项目　日本有代表性的装置是大阪大学激光核聚变研究中心建造的"新激光XII"系统。随着拍瓦 [1PW（拍瓦）$= 10^{15}W$] 激光器的迅速发展，2002 年日本和英国的研究人员在日本 Gekko VII 激光设备上实现了准拍瓦级的功率输出，电子产额由 10^4 增加到 10^7。

（5）我国惯性约束核聚变研究　惯性约束核聚变的基本原理是：使用强大的脉冲激光束照射氘、氚燃料的微型靶丸，在瞬间产生极高的高温和极大的压力，被高度压缩的稠密等离子体在扩散之前，向外喷射而产生向内聚心的反冲力，将靶丸物质压缩至高密度和热核燃烧所需的高温，并维持一定的约束时间，完成全部核聚变反应，释放出大量的聚变能。

我国从 20 世纪 60 年代即开始惯性约束聚变的研究，1993 年，国家"863"计划确立了惯性约束聚变项目，进一步推动了国家惯性约束聚变研究和高功率激光技术的发展。1995年中国工程物理研究院开始研制"神光-III"激光装置。"神光-III"激光装置建设项目 2007年开始破土动工建设，建成后其总体规模与综合性能位居世界第三，亚洲第一，使我国在这一领域进入世界先进行列。

三、核电应用特点

目前，核能利用的主要方式是核能发电，核能发电的能量巨大。它以少量的核子燃料即可产生大量的能量。相比其他发电方式，核电有如下特点：

1）核电具有经济性。核能是高度浓缩的能源，核能电厂所使用的燃料体积小，运输与贮存都很方便。核电发展初期，基建投资费用昂贵，核燃料生产过程复杂，加上特殊的安全措施需要，核能发电成本较高。目前，核能发电的成本有了很大降低，相对于其他发电方式，具有一定经济性。

2）核电具有环保性。核能发电与火力发电不同，发电过程中不需要燃料储仓、废渣场地等，不直接产生 SO_2、NOx、汞或其他与化石燃料的燃烧有关的污染物，也不直接产生 CO_2，是清洁能源。

3）核电具有安全性。核电厂的核反应堆不会像原子弹那样发生爆炸。核电厂核反应堆采用易裂变物质做燃料，这些燃料分散布置在反应堆内部，任何情况都不会像原子弹那样发生爆炸。反应堆的设计具有固有的安全性，当外界破坏了反应堆的平衡、核能释放太快时，在一定范围反应堆能不靠外界的干预，裂变反应会自然终止，使反应堆回到原来的状态自动停堆，绝对不会发生爆炸。

4）核电对环境和公众的影响。正常人体能耐受一次 0.25Sv（希）的集中辐射而不至于遭到伤害，只有过剂量的辐射才能对人体造成伤害。参照国际辐射单位和测试委员会的标准，我国规定了人体每年接受辐射的限制，即从事放射性工作的人员每年接受辐射不得超过 0.05Sv，核电设施周围居民每年接受的辐射不得超过 0.01Sv。因核电站所使用的反应堆由里到外依次采用了堆芯、压力壳、安全壳、包壳等多重屏蔽，使得反应堆附近的辐射剂量就非常小，何况核电站一般建在离居民很远的荒芜地带。我国核电厂对公众造成的实际辐射量比规定的限制要小得多，核电厂对人体辐射致癌的影响可以说微不足道。

第三节　核能供热

核能供热是 20 世纪 80 年代才发展起来的一项新技术，这是一种经济、安全、清洁的热源，因而在世界上受到广泛重视。核供热是一种前途远大的核能利用方式，不仅可用于居民冬季采暖，也可用于工业供热。核能供热对环境污染小，特别是与燃煤锅炉相比，核能可认为是无污染的能源。采用核能供热，燃料运输量小，能大大缓解煤炭运输上的压力，不仅能解决某些地区的能源供应，而且也是改善城市环境的一种重要方法。

核能供热的范围可分为低温、中温和高温三段。低温段温度多低于 200℃，主要为农林水产业、居民采暖、海水淡化及部分轻工业供热；中温段温度范围为 250～550℃，主要为纺织工业和部分石化工业供热；高温段温度一般在 550℃ 以上，主要为煤气制造、制氢及部分冶金和石化工业供热。

一、核能供热概述

核能供热是利用核反应堆中链式核裂变反应所释放的能量作为热源，向用户供热。核能供热是解决城市能源供应，减轻运输压力和消除烧煤造成的环境污染的一种新途径。

城市集中供热所需温度不高，现有的核能技术就能满足要求。目前，正在发展的有以下三种核能供热方式。

1. 城市集中供热专用低温供热堆

这种堆的压力为 1～2MPa，可以输出 100℃ 左右的热水供城市应用。由于反应堆工作参数低，安全性好，有可能建造在城市近郊。

2. 核热电站

它和普通热电站原理相似，只是用核反应堆代替矿物燃料锅炉。核热电站反应堆工作参数高，必须按照电站选址规程建在远离居民区的地点，因而使它的发展在一定程度上受到限制。

3. 化学热管远程核供热系统

化学热管远程核供热是正在研究的先进技术。它利用高温气冷堆产生的 900℃ 左右的高温热源，进行可逆反应，并在常温下通过管道送到用户，在再生（甲烷化）装置中产生逆反应放出化学热，供用户应用。这种方法可将核热送到远处供大片地区使用。

核供热作为核电的补充，它的推广应用有助于改善能源结构，减排温室气体和改善城镇环境。核供热堆具有良好的固有安全性，系统简单，运行可靠，可以靠近居民稠密区建设，大大节省远距离输送的昂贵费用。

二、壳式供热堆

壳式供热堆的压力壳是耐压的密封体，堆芯、主换热器和控制棒驱动机构等设备均布置在压力壳内。壳式供热堆是在核电站反应堆的基础上升级改造而成的，它的主要特点是将反应堆的堆芯放在一个带壳的钢筋混凝土容器中，利用堆壳的密封压力提高反应堆的工作温度，使它能够输出适当温度的热能。钢制安全壳"紧贴"压力壳（两壳间的间隙较小），且能承受较高的压力，安全壳的外边为生物屏蔽层。反应堆堆芯放置在压力壳内下部，为了增强自然循环的驱动力，在堆芯上部设有较长的水力提升段（或称烟囱），主回路冷却剂对堆芯吸收核裂变产生的热量后，经水力提升段进入主换热器，将所载带的热量传给中间回路，然后，再返回堆芯。中间回路的水在蒸汽发生器中将热量传给蒸汽供应回路以产生蒸汽，通过蒸汽发生器产生的蒸汽提供给用户，蒸汽冷凝水作为给水再返回蒸汽发生器。这种实体隔离与压力屏障可防止含放射源的水泄漏到中间回路，从而保证了蒸汽供应回路不被放射源污染。

三、池式堆

池式堆设有内衬钢板的敞开式碱水池，池内安装了堆芯、主换热器和控制棒等，构成了一体化的一回路系统。池式堆的主要特点是将反应堆的堆芯放在深水池中，利用水的静压提高反应堆的工作温度，使它能够在常压之下输出适当温度的热能。池式核反应堆的主体为反应堆水池，反应堆水池为圆柱形，由钢筋混凝土制成。反应堆水池的内表面为不锈钢衬里，外表面有碳钢制成的防渗外壳。堆芯进口水温约为70℃，进入堆芯后受热，水温升至约100℃后从堆芯上部流出，进入放射性衰减筒，然后流出水池，经过热交换器及循环泵后，再返回水池。当水泵故障时，依靠温差形成的密度差来驱动池水继续流动。

堆芯冷却循环水通过热交换器将热量传递给中间回路，中间回路再传递给供热管网中的循环水。中间回路水的压力高于池水压力，即使热交换器出现泄漏，中间回路水可能漏入池水，而带有放射性的池水不会进入中间回路。热交换器和循环水泵是多台并联，分别形成环路。当出现故障时，可单独对任何一间泵房进行检修，而不致中断供热或供汽。

四、核能供热的应用现状

低温供热堆在缓解能源及交通运输紧张、减少环境污染方面均有很大的优越性，加之成本低廉，所以在我国北方地区有广阔的市场。2018年2月，国家能源局同意中国广核集团有限公司联合清华大学开展国内首个核能供暖示范项目的前期工作，采用NHR200-Ⅱ低温供热堆技术，在华北规划建设我国首个小型核能供暖示范项目。

为了改善核供热堆的经济性和扩大应用范围，各国正在开展低温制冷、辐照应用、低温工艺供热（煮糖、熬盐、供汽等）以及低温发电等方面的研究工作。随着这些研究工作的进展及世界各国低温核供热的发展，低温核供热堆将展示其更加光明的前景。

第四节　核废料处理与核安全

在环保和生态问题日益引起重视的今天，有关核废料的处理已经成为人们关注的重大课题之一。核废料的存放是举世瞩目的难题。目前常见的高放射性核废料，是采用地质深埋的方法。常见的矿山式处置库位于 300～1500m 深处。

一、核废料的分类与处理

1. 核废料及其分类

核电站像其他工业企业一样，也要产生废料。核电站产生的废料，数量比一般燃煤电厂少，仅为同等规模燃煤电站的万分之一。核废料泛指在核燃料生产、加工和核反应堆用过后不再需要的并具有放射性的废料，也专指核反应堆用过的乏燃料中回收可利用的核材料后，余下的不再需要的并具有放射性的废料。废料可以分为中低放射性废料（受到中度和轻微污染的物品，例如废过滤器、废树脂和蒸发残渣、手套及衣服等）和高放射性废料。

核废料按物理状态可以分为固体、液体和气体三种；按比活度（也称为比放射性，指放射源单位时间内放射性元素衰变的次数与其质量之比）又可分为高水平（高放）、中水平（中放）和低水平（低放）三种。高放废料是指从核电站反应堆芯中换下来的燃烧后的核燃料。中放和低放废料主要指核电站在发电过程中产生的具有放射性的废液、废料，占到了所有核废料的99%。核废料进入环境后会造成水、大气、土壤的污染，并通过各种途径进入人体，当放射性辐射超过一定水平，就能杀死生物体的细胞，妨碍正常细胞分裂和再生，引起细胞内遗传信息的突变。研究表明，母亲在怀孕初期腹部受过 X 光照射，她们生下的孩子与母亲不受 X 光照射的孩子相比，死于白血病的概率要大50%。受放射性污染的人在数年或数十年后，可能会出现癌症、白内障、失明、生长迟缓、生育力降低等远期效应，还可能出现胎儿畸形、流产、死产等遗传效应。

2. 核废料的特征

（1）放射性　核废料的放射性不能用一般的物理、化学和生物方法消除，只能靠放射性核素自身的衰变而减少。而核废料的半衰期长达数千年、数万年甚至几十万年。

（2）射线危害　核废料放出的射线通过物质时，发生电离和激发作用，对生物体会引起辐射损伤。如果人被辐射，可能会引起癌变或其他疾病。

（3）热能释放　核废料中放射性核素通过衰变放出能量，当放射性核素含量较高时，释放的热能会使溶液自行沸腾，固体自行熔融。

3. 核废料的处理

处理核废料有两个必需条件：首先要安全、永久地将核废料封闭在一个容器里，并保证数万年内不泄漏出放射性物质。其次，要寻找一处安全、永久存放核废料的地点。这个地点要求物理环境特别稳定，不受水和空气的侵蚀，并能经受住地震、火山、爆炸的冲击。

目前，国际上通常通过海洋和陆地两种途径处理核废料。一般是将核废料先经过冷却、干式贮存，然后再将装有核废料的金属罐投入选定海域4000m 以下的海底，或深埋于建在地下厚厚岩石层里的核废料处理库中。美国、俄罗斯、加拿大、澳大利亚等一些国家因幅员辽阔，荒原广袤，一般采用陆地深埋法。为了保证核废料得到安全处理，各国在投放时都要接受国际监督。尽量减少不必要的废料产生并开展核废料回收利用。对已产生的核废料进行分类收集，分别贮存和处理。尽量减少体积，以节约运输、贮存和处理的费用。核废料向环境稀释排放时，必须严格遵守有关法规，以减少放射性核素迁移扩散。

二、核安全

核安全有广义和狭义之分。广义的核安全是指涉及核材料及放射性核素相关的安全问题，包括放射性物质的管理、前端核资源开采利用的设施安全、核电站的安全运行、乏燃料后处理设施的安全及全过程的防核扩散等。

狭义的核安全是指在核设施的设计、建造、运行和退役期间，为保护人员、社会和环境免受可能的放射性危害所采取的技术和组织上的措施的综合。措施包括：确保核设施的正常运行，预防事故的发生，限制可能的事故后果。

一般来说，如果防范措施得当，核电站是很安全的。历史上曾发生过三次核电站核泄漏事故：一次是 1979 年 3 月 28 日，美国三里岛核电站堆芯熔毁；一次是 1986 年 4 月 26 日，苏联切尔诺贝利核电站 4 号反应堆发生爆炸；另一次是 2011 年日本福岛核电站泄漏事故。2012 年日本政府发布新能源政策，决定提高自然能源使用率，希望到 2030 年完全摆脱核电。这导致了人类对核能利用产生恐惧，但凡事都有两面性，核能也能造福人类，成为造福人类的重要能源。我们应当从理性和客观角度认识核能，以造福人类的目的合理开发核能，同时将核安全放在首位，使核能这种强大的能源为人类发展和进步做出贡献。

思　考　题

1. 核能是在怎样的社会历史背景下诞生的？
2. 核能发电经历过哪几个阶段？
3. 简述核能供热的范围及优点。
4. 简述核能的利用原理及特点。
5. 核安全指的是什么？

第八章 氢能及其利用

第一节 氢能概述

化石燃料引发的温室效应和环境污染日趋严重，导致清洁能源的开发和利用成为全世界研究热点，其中具有代表性的有风能、潮汐能、太阳能及地热能等可再生能源。然而，这些可再生能源发电系统由于运行的间歇性和地处偏远地区，使洁净、安全、高效、方便的能源载体成为这些清洁能源利用的关键技术。氢是一种清洁能源载体，氢在燃烧或催化氧化后的产物为液态水或水蒸气。相对于其他载体（如汽油、乙烷和甲醇）来讲，氢具有来源丰富、质量轻、能量密度高、绿色环保、贮存方式与利用形式多样等特点，因此，氢作为电能这一清洁能源载体最有效的补充，可以满足几乎所有能源的需要，从而形成一个解决能源问题的永久性系统。

一、氢能简介

众所周知，氢通常的单质形态是氢气（H_2），它是无色无味、极易燃烧的双原子气体，氢气是最轻的气体。在标准状况（0℃、1atm）下，每升氢气只有0.0899克——仅相当于同体积空气质量的二十九分之二。氢是宇宙中最常见的元素，氢及其同位素占到了太阳总质量的84%，宇宙质量的75%都是氢。

氢挥发性高、能量密度高，是能源载体和燃料。现代工业中，每年用氢量为5500亿 m^3，氢气可与其他物质一起用来制造氨水和化肥，同时也可应用到汽油精炼工艺、玻璃磨光、黄金焊接及食品工业中。液态氢还可以作为火箭燃料，因为氢的液化温度在 -253℃。

氢能是通过氢气和氧气反应所产生的能量。氢能是氢的化学能，氢在地球上主要以化合态的形式出现，是宇宙中分布最广泛的物质。工业上生产氢的方式很多，常见的有水电解制氢、煤炭气化制氢、重油及天然气水蒸气催化转化制氢等。

二、氢能的特点

氢位于元素周期表之首，它的原子序数为1，在常温常压下为气态，在超低温高压下又可成为液态。作为能源，氢有以下一些特点：

1）所有元素中，氢重量最轻。在标准状态下，它的密度为0.0899g/L；在 -253℃时，可成为液体，若将压力增大到数百个标准大气压，液态氢就可变为固态氢。

2）所有气体中，氢气的导热性最好，比大多数气体的导热系数高出10倍，因此在能源工业中，氢是极好的传热载体。

3）氢是自然界存在最普遍的元素，除空气中含有氢气外，它主要以化合物的形态贮存于水中，而水是地球上最广泛的物质。

4）除核燃料外，氢的发热值是所有化石燃料、化工燃料和生物燃料中最高的，为142，即 351kJ/kg，是汽油发热值的 3 倍。

5）氢的燃烧性能好，点燃快，与空气混合时有广泛的可燃范围，而且燃点高、燃烧速度快。

6）氢本身无毒，与其他燃料相比，氢燃烧时最清洁，除生成水和少量氮气外不会产生诸如一氧化碳、二氧化碳、碳氢化合物、铅化物和粉尘颗粒等对环境有害的污染物质，少量的氮气经过适当处理也不会污染环境，而且燃烧生成的水还可继续制氢，反复循环使用。

7）氢能利用形式多，既可以通过燃烧产生热能，在热力发动机中产生机械能，又可以作为能源材料用于燃料电池，或转换成固态氢用作结构材料。用氢代替煤和石油，不需对现有的技术装备做重大改造即可使用。

8）氢可以以气态、液态或固态的氢化物出现，能适应贮运及各种应用环境的不同要求。

由以上特点可以看出，氢是一种理想的新的含能体能源。虽然氢能具有上述无可比拟的优点，但在实际开发和应用中还存在许多关键技术问题，只有解决了这些具体的技术问题，氢能才能发挥它的优势，真正进入大规模的实用阶段。

三、氢能开发利用的前景

氢能是一种清洁的二次能源，具有能量密度大、燃烧热值高、来源广、可储存、可再生、可电可燃、零污染、零碳排等优点，有助于解决能源危机以及环境污染等问题，被誉为 21 世纪的"终极能源"。

据世界氢能协会预计，到 2050 年全球环境 20% 的二氧化碳的减排要靠氢气来完成；氢能将创造 3000 万就业岗位，减少 60 亿 t 的二氧化碳排放，创造超过 2.5 万亿美元的市场价值。氢能汽车将占到全球车辆的 20% 到 25%，并承担 18% 以上的能源需求，主导脱碳社会。

随着氢能应用技术发展逐渐成熟，以及全球应对气候变化压力的持续增大，氢能产业的发展在世界各国备受关注，日本、美国及欧盟一些发达国家等相继将发展氢能产业提升到国家能源战略高度，在氢能源产业化应用方面迈出了实质性步伐，无论是政府还是产业资本都在积极推动氢能产业的发展。氢能源的全球最为积极的推动者非日本莫属。早在 2014 年，日本的资源能源厅就发布了《氢能与燃料电池战略路线图》，为氢能发展制定了"三步走"计划，到 2030 年，日本的氢能相关产业要达到 1 万亿日元（约合 88 亿美元）的规模。日本领军车企丰田研发的氢能源轿车已经于 2014 年年底在日本上市，本田和日产也在分别研发各自的氢能轿车。日本政府提出未来要建设"氢能社会"，更要将 2020 年的东京奥运会打造成一场"氢能盛事"，届时运动员和观众来往于各奥运场馆将乘坐最新的氢能源公交车。预计在 2040 年日本将建成全国性的氢能供给网络。美国一直是领导世界氢燃料电池发展的主要国家，早在 2002 年 11 月，美国就发布了国家氢能源前景。自 2007 年开始美国南加州对氢燃料电池的生产和研究的设备实行税收全免政策；俄亥俄州为 250kW 以下的燃料电池系统实行税收全免政策；自 2015 年年底美国从国家层面开启了新的氢能计划，预计在 2030 ~2040 年全面实现氢能源经济。

近年来，我国也在加强对氢能的战略布局，多部门已出台支持氢能和燃料电池发展的措施。2016 年国家发展和改革委员会、能源局联合印发《能源技术革命创新行动计划（2016—2030 年)》，将氢能与燃料电池技术创新作为重点任务。同年，国务院印发的《"十三五"国家战略性新兴产业发展规划》中明确提出，系统推进燃料电池汽车研发与产业化，并提出到 2020 年，实现燃料电池汽车批量生产和规模化示范应用。

第二节　制氢技术

目前，液态氢已广泛用于航天动力的燃料，但氢能的大规模的商业应用还有待解决以下关键问题：①廉价的制氢技术。因为氢是一种二次能源，它的制取不但需要消耗大量的能量，而且目前制氢效率很低，因此寻求廉价的制氢技术是各国科学家共同关心的问题。②安全可靠的贮氢和输氢方法。由于氢易气化、着火和爆炸，因此，如何妥善解决氢的贮存和运输问题也就成为开发氢能的关键。

许多科学家认为，氢能在 21 世纪有可能在世界能源舞台上成为一种举足轻重的二次能源。氢能是通过一定的方法利用其他能源制取的，不像煤、石油和天然气等可以直接从地下开采。在自然界中，氢易和氧结合成水，必须用电解的方法把氢从水中分离出来。如果用煤、石油和天然气等燃烧所产生的热转换成的电来分解水制氢，那显然是不经济的。目前，高效率制氢的基本途径是利用太阳能。如果能用太阳能来制氢，那就等于把无穷无尽的、分散的太阳能转变成高度集中的干净能源，其意义十分重大。目前利用太阳能分解水制氢的方法有太阳能热分解水制氢、太阳能发电电解水制氢、太阳能光催化制氢及太阳能生物制氢等。氢的工业制法如图 8-1 所示。

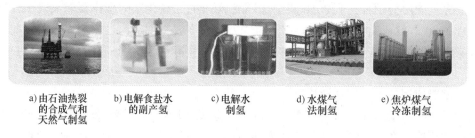

a) 由石油热裂　　b) 电解食盐水　　c) 电解水　　d) 水煤气　　e) 焦炉煤气
的合成气和　　的副产氢　　制氢　　法制氢　　冷冻制氢
天然气制氢

图 8-1　氢的工业制法

一、化石燃料制氢

制氢所需的原材料一般为碳氢化合物和水。工业用氢的制备方法主要是化石燃料的热分解，包括天然气的重整、碳氢化合物的部分氧化和煤的气化，产氢的成本较低。然而，这些技术严重依赖化石燃料资源且排放二氧化碳。近年来也发展了从化石燃料产氢而不释放二氧化碳的方法，即直接热分解和催化裂解碳氢化合物，这种方法已经被用于制备碳，但相对于制氢成本较高，还处于发展阶段。

这种方法是过去以及现在采用最多的制氢方法，它是以煤、石油或天然气等化石燃料作为原料来制取氢气。

1. 煤制氢

我国煤炭资源十分丰富，以煤炭为原料大规模制取廉价氢源在一段时间内将是我国发展氢能的一条现实之路。煤炭经过气化、一氧化碳变换、酸性气体脱除及氢气提纯等工序可以得到不同纯度的氢气。中国神华煤制油化工有限公司于 2007 年建成的大型煤制氢装置日产氢气 626t，氢气纯度为 99.5%。但是煤制氢成本高，存在污染严重、不利于环保等问题。自从天然气大规模开采后，传统制氢的工业中有 96% 都是以天然气为原料。

2. 天然气制氢

天然气制氢由天然气水蒸气制转化气和变压吸附提纯氢气两部分组成，天然气与水蒸气混合后，在镍催化剂的作用下，温度在 820~950℃ 时将天然气转化为氢气、一氧化碳、二氧化碳和甲烷等转化气，转化气进入变换炉后将一氧化碳变换成二氧化碳和氢气，再经换热、冷凝、汽水分离自动程序控制回收二氧化碳，依序通过有多种特定吸附剂的吸附塔，升压吸附极少的残余一氧化碳、二氧化碳、甲烷、氮气等杂质，得到高纯度的氢气，最后降压解析排出杂质并使吸附剂得到再生。天然气制氢技术成熟，生产量大，是化石燃料制氢工艺中最为经济和合理的。

天然气和煤都是宝贵的燃料和化工原料，其储量有限，且制氢过程会对环境造成污染，用它们制氢显然摆脱不了人们对常规能源的依赖和对自然环境的破坏。

二、电解水制氢

这种方法是基于氢氧可逆反应分解水来实现的。多采用铁为阴极面、镍为阳极面的串联电解槽（外形似压滤机）来电解苛性钾或苛性钠的水溶液。阳极出氧气，阴极出氢气。该方法成本较高，但产品纯度高，可直接生产 99.7% 以上纯度的氢气。为了提高制氢效率，电解通常在高压下进行，采用的压力多为 3.0~5.0MPa，目前电解效率为 50%~70%。电解水制氢的化学式为

$$2H_2O = 2H_2 + O_2$$

电解水制得的氢气纯度高、操作简便，但需消耗电能。我国已经成功开发采用固体高分子离子交换膜代替石棉布作为电解质直接电解纯水的新技术，解决了石棉布作电介质能耗大、环保差的问题。副产氢气主要是电解食盐水制烧碱、合成氨制化肥及煤炼焦炭等多种行业产生的大量氢气副产品。若把 2005 年生产焦炭时所伴生的焦炉煤气全部变压吸附提氢，则氢气产量可高达 402.5 亿 m^3，可替代车用汽油 2421.9 万 t。

电解水制氢的发展方向是与风能、太阳能、地热能及潮汐能等清洁能源相互配合，从而降低成本。这些清洁能源由于其能量与时间的关系具有波动性，所以在发电时，系统给出的电能是间歇性的，通常不可直接接入电网，必须经调节后方可入网。成本最低、最方便的储能方法是将这些清洁能源电解制氢、储氢和输运氢，然后利用氢能发电入网或转化为其他形式的能量。

三、生物质制氢

生物质制氢以生物活性酶为催化剂，利用含氢有机物和水将生物能和太阳能转化为高能量密度的氢气。与传统制氢工业相比，生物质制氢技术的优越性体现在：所使用的原料极为广泛且成本低廉，包括一切植物、微生物材料、工业有机物和水；在生物酶的作用下，反应条件为温和的常温常压，操作费用十分低廉；产氢所转化的能量来自生物质能和太阳能，完全脱离了常规的化石燃料；反应产物为二氧化碳、氢气和氧气，二氧化碳经过处理仍是有

用的化工产品，可实现零排放的绿色无污染环保工程。

生物质资源丰富、可再生，开发经济高效的生物质热化学转化制氢技术，并与燃料电池技术相结合，以实现生物质资源的高效清洁利用，极具发展潜力。生物质制氢工作原理如图8-2所示。

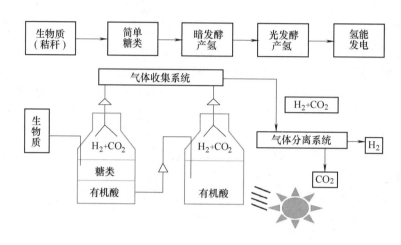

图8-2　生物质制氢工作原理

与传统制氢技术相比，生物质制氢具有能耗低、污染小等优势。近年来，生物质制氢技术在发酵菌株筛选、产氢机制和制氢工艺等方面取得了较大进展，已经成为未来制氢技术发展的重要方向。但生物质制氢技术目前存在的问题也较多，如产氢率相对高的菌株的筛选、提高产氢效率的产氢工艺的合理设计、高效制氢过程的开发与产氢反应器的放大、发酵细菌产氢的稳定性和连续性、混合细菌发酵产氢过程中彼此之间的抑制及发酵末端产物对细菌的反馈抑制等还需要进一步研究。

四、太阳能光解水制氢

太阳能制氢是未来制氢的主要途径之一。利用太阳能制氢的主要工艺方法有：①利用光伏系统转化成的电能进行电解水制氢。②利用太阳能转换的热能进行热化学反应循环制氢。目前用得最多的还是利用光伏系统将太阳能转化成电能，再通过电能来电解水实现制氢。其工艺原理如图8-3所示。

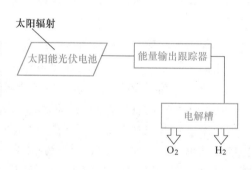

图8-3　太阳能光解水制氢工艺原理

第三节　氢的应用

将氢能转化为其他形式的能量，即氢能的利用技术已经应用于实际，如电动汽车、燃料电池发电等，并且还在不断地取得技术进步和扩大应用范围。为了达到清洁新能源的目标，氢的利用将出现在人类生活的方方面面。

一、氢在燃气轮机发电系统中的应用

燃气轮机是以连续流动的气体为工质带动叶轮高速旋转，将燃料的能量转变为有用功的内燃式动力机械，是一种旋转叶轮式热力发动机。其发电机的内部冷却是靠内部气体的对流将热量带走，由于氢气的热传导系数和对流系数都比空气高，因此能更有效地冷却发电机的转子和定子。而且氢气分子质量较小，在高速旋转时摩擦阻力较小，机械损耗小，产生的热量也较少。氢冷发电机（定子和转子采用氢气冷却的发电机）既保持了发电机内气体压力的稳定，也提供了一个清洁干燥的隔绝环境，提高了发电机的运行寿命。

二、氢在内燃机中的应用

近年来，世界各大汽车制造商相继推出了自己的氢燃料内燃机汽车。福特汽车公司于2001 年推出了第一辆氢燃料内燃机试验车。在此后的多次车展中，相继展出了多款氢燃料概念车。2006 年，福特汽车公司氢燃料 V-10 发动机于日本正式投产，作为 Ford E-450 氢燃料豪华车的动力。首先供应佛罗里达州，随后覆盖美国、加拿大及丹麦其他地区。至此，福特汽车公司成为世界首个正式生产氢燃料发动机的汽车制造商。同时，福特汽车公司也正在开展下一代氢燃料内燃机的研究，包括提高功率和燃油经济性的直喷技术。

2007 年 3 月，从慕尼黑、布鲁塞尔和华盛顿传出令人振奋的消息：10 个欧洲合作伙伴成功完成了氢燃料内燃机项目（HyICE）。该项目历经 3 年，研发出一款氢燃料内燃机，这款发动机比其他驱动系统在性能和成本上具有鲜明的优势，实现了对氢燃料内燃机的优化。2007 年 6 月 19 日，宝马集团宣布推出世界第一款供日常使用的氢动力豪华高性能轿车BMW 氢能 7 系列（见图 8-4）。BMW 氢能 7 系列轿车除了配有一个容量为 74L 的普通油箱外，还配有一个额外的燃料罐，可容纳约 8kg 的液态氢。BMW 氢能 7 系列轿车完美结合了氢技术及典型的 BMW 轿车的动态性能和驾驶表现，并展示了氢能驱动技术的巨大潜力。这是宝马集团，乃至整个汽车与能源行业向不依赖矿物燃料的可持续机动化产业时代迈进的一个里程碑。

氢燃料内燃机基于传统的内燃机技术和生产、维修体系，具有良好的生产、使用基础，技术上也具有一定的成熟性。与氢燃料电池相比，氢燃料内燃机在造价上具有明显的优势。在车用燃料电池的成本能够与之相匹敌之前，氢燃料内燃机将具有很强的竞争力。在汽油机中掺烧氢气燃料、在天然气内燃机中掺烧氢气和采用氢气-汽油两用燃料或柔性燃料内燃机是近期

图 8-4　BMW 氢能 7 系列轿车

在汽车内燃机中推广使用氢气燃料较现实的方法。从长远来看，由于氢燃料内燃机具有高效、环保的突出优点，势必将得到较快的发展。

三、氢在喷气发动机上的应用

喷气发动机是一种通过加速和排出的高速流体做功的热机或电机。它既可以输出推力，也可以输出轴功率。常见的喷气发动机有涡轮风扇发动机、涡轮喷气发动机、火箭发动机、

冲压发动机及脉冲压式喷气发动机等。

　　飞机的发动机因为使用航空煤油作为燃料而产生的污染，已经对人类造成了很大的困扰。而使用燃烧后只生成水的氢燃料发动机就可以从很大程度上避免这个问题。此外，氢的燃烧效率比航空煤油要高很多，因此可以获得更大、更经济的推力。

　　氢燃料还可用作冲压发动机的燃料。特别是对于需要入轨飞行的航天飞机，携带的氢燃料在进入太空后也可以用在火箭发动机上。这样就不用为了大气层内的飞行携带额外的燃料。

　　氢燃料发动机的最大缺点就是氢燃料的安全性。液氢的贮存和运输都很困难，并且很容易爆炸。这些问题严重影响了氢燃料发动机的使用。时至今日，使用氢燃料发动机的飞机大

图8-5　美国NASA的X-43高超音速试验机

多还停留在原型机阶段。图8-5为美国NASA的X-43高超音速试验机，它使用的是氢燃料的冲压发动机，可以飞到十倍音速。

第四节　氢的安全性

　　凡是燃料都具有能量，都隐藏着着火和爆炸的危险。人们很熟悉的天然气、汽油、液化石油气和电都是如此。氢气是一种易燃、易爆的气体，其危险性比天然气、汽油和液化石油气小，这主要是由于氢气的物理化学性质不同于其他可燃性工业气体。氢气还会对有些金属材料产生氢脆影响，特别是高温高压时，会使材料变脆，降低其韧性，从而发生开裂失效。因此，选择储氢罐、输氢管线材料时一定要选择对氢最不敏感的材料。

　　一、泄漏性

　　常温常压下，氢气的密度为$0.0899kg/m^3$，分子小且黏度小（$0.0101mPa \cdot s$），扩散系数很大，为$0.634cm^2/s$。所以氢气易扩散和泄漏，扩散速率为空气的3.8倍，常温低压下氢气通过相同小缝的泄漏速度为天然气的1.26~2.8倍。液氢从高压储氢罐中发生大量泄漏时，泄漏速度约为天然气的3倍。

　　二、可燃性

　　氢气为无色、无味、无毒的可燃性气体，在空气中的燃点为574℃，着火燃烧界限为4%~75%（体积分数，下同），范围较其他工业燃气大（天然气5.3%~15%，丙烷2.1%~10%，汽油1%~7.8%）。但实际上当泄漏发生时，燃烧取决于界限下限，氢气的可燃下限约为汽油的4倍，丙烷的2倍，只比天然气略小。然而氢气的燃烧速度是天然气和汽油的7倍，而且其泄漏速度大，因此一旦被点燃，爆炸的危险性较大。

　　三、爆炸性

　　氢能的一个潜在的危险是液氢压力阀失效引发的猛烈爆炸。氢气的爆炸界限为18.3%~59%，其中爆炸下限的氢气/空气比为13%~18%，是天然气的2倍，汽油的12倍。事实上，

爆炸的发生很复杂，取决于温度、合适的燃气/空气比，有时还与泄漏发生时的空间几何形状有关。在敞开的大气中氢气难以发生爆炸，只有非常特殊的情况时才会发生爆炸，如氢气在一个相对密闭的空间发生泄漏并积累至13%，一旦有火星就会触发爆炸。当然，发生爆炸时，由于氢气的能量密度小，爆炸能量仅为相同条件下汽油的1/20。由于氢火焰无色无味，因而会导致人们没有意识到氢气在燃烧从而产生危险。

总之，氢气是一种安全性较高的燃料，只要严格遵守规定，就不会发生氢气安全事故。迄今为止，氢无论作为全世界广泛应用的工业气体还是民用燃气的组成部分之一，都具有良好的安全记录。作为一种新能源，氢能具有很大的优越性。第一，氢的来源具有多样性；第二，氢气是最环保的能源；第三，氢气具有可贮存性；第四，氢气具有可再生性。氢能够同时满足环境、资源可持续发展的要求，这是其他能源所不具有的。尤其是在石油价格不断上涨的当今中国，发展氢能更是我们所面临的紧要任务。

思　考　题

1. 什么是氢能？
2. 在生活和实际生产中大量应用氢能，首先要解决哪些问题？
3. 制氢的方法有哪几种？
4. 目前国内外氢能主要应用在哪几方面？
5. 国际上认为"氢能源将是21世纪中后期最理想的能源"，你怎么理解这一说法？

第九章 地热能及其利用

第一节 地热能

一、地热能概述

1. 地热能的概念

所谓地热能,简单地说,就是来自地下的热能,即地球内部的热能。地热能是由地壳中抽取的自然热能,它来自地球内部的熔岩,并以热力形式存在,是引致火山爆发及地震的能量。地心的温度高达7000℃,而在距地表80~100km的深度,温度会降至650~1200℃。透过地下水的活动和熔岩涌至离地面1~5km的地壳,热力得以被转送至接近地面的位置。高温的熔岩将四周的地下水加热,这些加热了的水最终会渗出地面。

地热能是来自地球深处的可再生能源。它来源于地球的熔融岩浆和放射性物质的衰变。地下水的深处循环和来自极深处的岩浆侵入到地壳后,把热量从地下深处带至近地表层。在有些地方,热能随自然涌出的热蒸汽和水到达地面,这种热能的储量相当大。地热能在地表的示意如图9-1所示。

全球地热能的储量与资源潜量十分巨大,每年从地球内部传到地面的热能相当于100PW·h。但是地热能的分布相对比较分散,因此开发难度很大。由于地热能贮存于地下,不会受到任何天气状况的影响,且地热资源同时具有其他可再生能源的所有特点,随时可以采用,不含有害物质,因而是一种较为理想的能源,关键在于是否有更先进的技术进行开发。目前地热能在全球很多地区的应用相当广泛,开发技术也在日益完善。

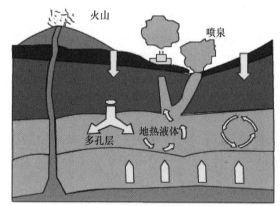

图9-1 地热能在地表的示意图

据计算,地球陆地表面以下5km内,15℃以上的岩石和地下水总含热量达1.26×10^{27}J,相当于4.6×10^{16}t标准煤。按世界年耗100亿t标准煤计算,可满足人类几万年的能源需要。如果把地球上贮存的全部煤炭燃烧时所放出的热量作为标准来计算,那么,石油的贮存量约为煤炭的3%,目前可利用的核燃料的贮存量约为煤炭的15%,而地热能的总贮存量则为煤炭的1.7亿倍。

2. 地热能的形成

根据现在的科学研究,地球的构成是这样的:地球是一个巨大的实心椭球体,表面积约为

$5.1 \times 10^8 \, \mathrm{km}^2$，体积约为 $1.08 \times 10^{12} \, \mathrm{km}^3$，赤道半径为 $6378 \mathrm{km}$，极半径为 $6357 \mathrm{km}$。地球的构造像是一只半熟的鸡蛋，主要分为三层：地壳、地幔和地核。地球的内部构造如图9-2所示。

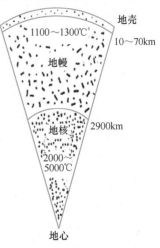

　　地壳是地球最外面的一层，即地球外表，相当于鸡蛋壳的部分，地壳由土层和坚硬的岩石组成，它的厚度各处不一，介于 $10 \sim 70 \mathrm{km}$。地幔是地球的中间部分，即地壳下面相当于鸡蛋白的部分，也称为中间层，这一层大部分是熔融状态的岩浆。地幔的厚度约为 $2900 \mathrm{km}$，它由铁、硅、镁等物质组成，温度在 $1000 ℃$ 以上。地核是地球的中心，即地球内部相当于鸡蛋黄的部分。地核的温度为 $2000 \sim 5000 ℃$，外核深 $2900 \sim 5100 \mathrm{km}$，内核深 $5100 \mathrm{km}$ 以下直至地心，一般认为是由铁、镍等重金属组成的。

　　地热主要来源于地球内部的熔融岩浆和放射性元素（铀-238、铀-235、钍-232、钾-40 等）衰变产生的热量。这些放射性元素的衰变是核能的释放过程。它们无需外力的作用，就能自发地放出电子、氦核和光子等高速粒子，并形成射线。在地球内部，这些粒子和射线的动能和辐射能在同

图9-2　地球的内部构造

地球物质的碰撞过程中便转变成热能。地球内部推测温度分布曲线如图9-3所示。

　　3. 地热资源

　　地热资源是指在当前的技术和地质条件下，地壳内能够科学、合理地开发出来的岩石中的热能量和热流体中的热能量等。目前地热资源勘探的深度可达地表以下 $5000 \mathrm{m}$，其中 $2000 \mathrm{m}$ 以下为经济型地热资源，$2000 \sim 5000 \mathrm{m}$ 为亚经济型地热资源。根据地热资源在地下存在的不同形式，可分为热水型、干蒸汽型、地压型、干热岩型和岩浆型资源等几类。

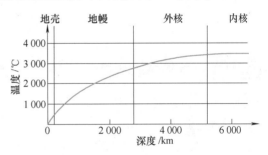

图9-3　地球内部推测温度分布曲线

　　1）热水型——包括热水及湿蒸汽。

　　2）干蒸汽型——高温蒸汽。

　　3）地压型——高压水，压力一般可达几十兆帕。

　　4）干热岩型——温度很高的岩石层。

　　5）岩浆型——高温熔岩。

　　二、地热资源的分布

　　地热能集中分布在构造板块边缘一带，这些地区也是火山和地震的多发区。在一定地质条件下的"地热系统"和具有勘探开发价值的"地热田"都有它的发生、发展和衰亡过程，绝对不是只要往深处打钻，到处都可发现地热。地热资源和其他矿产资源一样，有数量和品质的问题。就全球来说，地热资源的分布是不平衡的，主要分布在板块生长、开裂的、大洋扩张脊和板块碰撞、衰亡的消减带部位。世界地热资源主要分布于以下几个地热带。

（1）环太平洋地热带　世界最大的太平洋板块与美洲、欧亚、印度板块的碰撞边界，即从美国的阿拉斯加州、加利福尼亚州到墨西哥、智利，从新西兰、印度尼西亚、菲律宾到我国沿海和日本。世界许多地热田都位于这个地热带，如美国的盖瑟尔斯地热田，墨西哥的普列托、新西兰的怀腊开、我国台湾的马槽和日本的松川、大岳等地热田。

（2）地中海-喜马拉雅地热带　欧亚板块与非洲、印度板块的碰撞边界，从意大利直至我国的滇藏。世界第一座地热发电站——意大利的拉德瑞罗地热田就位于这个地热带中。我国的西藏羊八井及云南腾冲地热田也在这个地热带中。

（3）大西洋中脊地热带　大西洋板块的开裂部位，冰岛的克拉弗拉、纳马菲亚尔和亚速尔群岛等一些地热田就位于这个地热带。

（4）红海-亚丁湾-东非大裂谷地热带　包括肯尼亚、乌干达、刚果、埃塞俄比亚及吉布提等国的地热田。

除板块边界形成的地热带外，板块内部靠近边界的部位在一定的地质条件下也有高热流区，可以蕴藏一些中低温地热，如中亚、东欧地区的一些地热田和我国的胶东半岛、辽东半岛及华北平原的地热田。

地热资源是开发利用地热能的物质基础。我国地处世界两大地热带，东南沿海属于环太平洋地热带，包括海南、台湾、广西、广东、福建、浙江、山东、河北、天津及辽宁等地的地热。西南滇藏的地热田属于地中海-喜马拉雅地热带，这里蕴藏着高温地热。此外，在一些内陆盆地的沉积层还有不少中低温地热，如陕西、内蒙古、湖北、湖南、江西及四川等地的温泉。

第二节　地热能的利用

人类很早以前就开始利用地热能，例如，利用温泉沐浴、医疗，利用地下热水取暖、建造农作物温室、水产养殖及烘干谷物等。但真正认识地热资源并进行较大规模的开发利用却始于20世纪中叶。地热能的勘探和提取技术依赖于石油工业的经验，由于目前经济上可行的钻探深度仅在3000m以内，再加上热储空间地质条件的限制（例如资源的高温环境和高盐度），因而只有当热能运移并在浅层局部富集时，才形成可供开发利用的地热田。但是，随着科学技术的发展和地热能利用效率的提高，在不远的将来，这一经济深度可能延伸到5000m甚至更深。因此，目前把3000～5000m的地热能作为远景资源来考虑。地热能的利用可分为地热发电和直接利用两大类。对于不同温度的地热流体可能利用的范畴如下：200～400℃直接发电及综合利用；150～200℃用于双循环发电、制冷、工业干燥及工业热加工；100～150℃用于双循环发电、供暖、制冷、工业干燥、脱水加工、回收盐类及罐头食品；50～100℃用于供暖、温室、家庭用热水及工业干燥；20～50℃用于沐浴、水产养殖、饲养牲畜、土壤加温及脱水加工。

一、地热发电

地热发电是利用地下热水和蒸汽为动力源的一种新型发电技术，它涉及地质学、地球物理、地球化学、钻探技术、材料科学和发电工程等多种现代科学技术。

地热发电和火力发电的基本原理是一样的，都是将蒸汽的热能经过汽轮机转换为机械能，然后带动发电机发电。地热发电示意图如图9-4所示。

地热发电是地热利用的最重要方式之一。人类第一次利用地下热水发电是在 1904 年意大利的拖斯卡纳，1958 年新西兰的北岛开始用地热源发电，美国加利福尼亚州的喷泉热田发电开始于 1960 年。地热发电与火力发电所不同的是：地热发电不像火力发电那样需要备有庞大的锅炉，也不需要消耗燃料，它所用的能源就是地热能。地热发电的过程，就是把地

图 9-4　地热发电示意图

下热能首先转变为机械能，然后再把机械能转变为电能的过程。要利用地下热能，首先需要由载热体把地下的热能带到地面上来。目前，能够被地热电站利用的载热体，主要是地下的天然蒸汽和热水。按照载热体类型、温度、压力及其他特性的不同，可把地热发电的方式划分为蒸汽型地热发电和热水型地热发电两大类。

（1）蒸汽型地热发电　蒸汽型地热发电是把蒸汽田中的干蒸汽直接引入汽轮发电机组发电。但在引入发电机组前，应把蒸汽中所含的岩屑和水滴分离出去。这种发电方式最为简单，但干蒸汽地热资源十分有限，且多存于较深的地层，开采技术难度大，故发展受到一定的限制。蒸汽型地热发电主要有背压式和凝汽式两种发电系统。

（2）热水型地热发电　热水型地热发电是地热发电的主要方式。目前，热水型地热电站有两种循环系统：①闪蒸系统。闪蒸系统是将高压热水从热水井中抽至地面，在压力降低部分的热水会沸腾并"闪蒸"成蒸汽，将蒸汽送至汽轮机做功；而分离后的热水可继续利用后排出，当然最好是再回注入地层。②双循环系统。双循环系统是地下热水首先流经热交换器，将地热能传给另一种低沸点的工作流体，使之沸腾而产生蒸汽。蒸汽进入汽轮机做功后进入凝汽器，再通过热交换器完成发电循环。地下热水则从热交换器回注入地层。这种系统特别适合于含盐量大、腐蚀性强和不凝结气体含量高的地热资源。发展双循环系统的关键技术是开发高效的热交换器。

在新能源和可再生能源大家族中，地热是一种最为现实并具有竞争力的新能源，就技术开采潜力而言，地热能是仅次于太阳能的第二大清洁能源。世界范围内高温地热资源的最有效利用途径是进行地热发电。地热发电可以充分发挥地热资源的优势，安全、稳定、可靠，是其他可再生能源无法相比的。此外，地热发电的投资成本与水电、风电相当，比太阳能光伏发电的投资成本便宜很多。所以，地热发电在未来有广阔的发展前景。

二、地热的直接利用

近年来，国外对地热能的非电力利用，也就是直接利用，十分重视。因为进行地热发电的热效率低，温度要求高。所谓热效率低，就是说由于地热类型的不同，所采用的汽轮机类型的不同，热效率一般只有 6.4% ~18.6%，大部分的热量白白地被消耗掉。所谓温度要求高，就是说利用地热能发电对地下热水或蒸汽的温度要求一般都要在 150℃以上，否则将严重地影响其经济性。而地热能的直接利用，不但能量的损耗要小得多，并且对地下热水的温度要求也低得多，15～180℃这样宽的温度范围均可利用。在全部地热资源中，这类中、低

温地热资源是十分丰富的,远比高温地热资源大得多。但是,地热能的直接利用也有其局限性,由于受载热介质——热水输送距离的制约,一般来说,热源不宜离用热的城镇或居民点过远;否则,投资多、损耗大、经济性差,是划不来的。

目前,地热能的直接利用发展十分迅速,已广泛地应用于工业加工、民用采暖和空调、洗浴、医疗、农业温室、农田灌溉、土壤加温、水产养殖及畜禽饲养等各个方面,收到了良好的经济技术效益,节约了能源。地热能的直接利用,技术要求较低,所需设备也较为简易。在直接利用地热的系统中,尽管有时因地热流中的盐和泥沙的含量很低而可以对地热加以直接利用,但通常都是用泵将地热流抽上来,通过热交换器变成热气和热液后再使用。这些系统都是最简单的,使用的是常规的现成部件。

地热能直接利用中所用的热源温度大部分都在40℃以上。如果利用热泵技术,温度为20℃或低于20℃的热液源也可以被当作一种热源来使用。热泵的工作原理与家用电冰箱相同,只不过电冰箱实际上是单向输热泵,而地热热泵则可双向输热。冬季,它从地球提取热量,然后提供给住宅或大楼(供热模式);夏季,它从住宅或大楼提取热量,然后又提供给地球蓄存起来(空调模式)。不管是哪一种循环,水都是被加热并蓄存起来,发挥了一个独立热水加热器的全部或部分功能。据美国能源信息管理局预测,到2030年,地热泵将为供暖、散热和水加热提供高达68Mt油当量的能量。

1. 地热供暖

将地热能直接用于采暖、供热和供热水是仅次于地热发电的地热利用方式。因为这种利用方式简单、经济性好,倍受各国重视,特别是位于高寒地区的西方国家,其中冰岛开发利用得最好。该国早在1928年就在首都雷克雅未克建成了世界上第一个地热供热系统,如今这一供热系统已发展得非常完善,每小时可从地下抽取7740t 80℃的热水,可供全市11万居民使用。由于没有高耸的烟囱,冰岛首都已被誉为"世界上最清洁无烟的城市"。此外,利用地热给工厂供热,如用做干燥谷物和食品的热源,用做硅藻土生产、木材、造纸、制革、纺织、酿酒及制糖等生产过程的热源也是大有前途的。目前世界上最大两家地热应用工厂就是冰岛的硅藻土厂和新西兰的纸浆加工厂。虽然整体上我国地热供暖与国际的先进水平还有一定差距,但也已经有近20年的历史,地热供暖技术发展也非常迅速,地热供暖主要集中在我国冬季气候较寒冷的华北和东北一带,在京津地区已成为地热利用中最普遍的方式。地热供暖不仅降低了煤炭资源对环境的污染,同时也能保证供暖质量。地热供暖示意图如图9-5所示。

2. 地热浴疗、洗浴及游泳

地热在医疗领域的应用前景诱人,目前热矿水就被视为一种宝贵的资源,世界各国都很珍惜。由于地热水从很深的地下提取到地面,除温度较高外,常含有一些特殊的化学元素,从而使它具有一定的医疗效果。如饮用含碳酸的矿泉水,可调节胃酸、平衡人体酸碱度;饮用含铁矿泉水后,可治疗缺铁性贫血症;用氢泉、硫水氢泉洗浴可治疗神经衰弱、关节炎及皮肤病等。由于温泉的医疗作用及伴随温泉出现的特殊地质、地貌条件,常

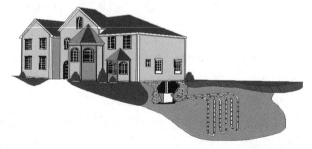

图9-5 地热供暖示意图

常使温泉成为旅游胜地。在日本就有 1500 多个温泉疗养院，每年吸引 1 亿游客到这些疗养院休养。我国利用地热治疗疾病历史悠久，含有各种矿物元素的温泉也很多，因此，充分发挥地热的医疗作用，发展温泉疗养行业是十分有前景的。地热温泉如图 9-6 所示。

3. 地热在工农业方面的利用

地热能在工业领域应用范围很广，工业生产中需要大量的中低温热水，地热用于工艺过程是比较理想的方案。我国在干燥、纺织、造纸、机械、木材加工、盐分析取、化学萃取及制革等行业中都有应用地热能的。其中，地热干燥是地热能直接利用的重要项目，地热脱水蔬菜及方便食品等是直接利用地热的干燥产品。在我国社会主义市场经济不断发展的今天，地热干燥产品有着良好的国际市场和潜在的国内市场。

图 9-6　地热温泉

地热在农业中的应用范围也十分广阔。如利用温度适宜的地热水灌溉农田，可使农作物早熟增产；利用地热水养鱼，在 28℃ 水温下可加速鱼的育肥，提高鱼的出产率；利用地热建造温室，可育秧、种菜和养花；利用地热给沼气池加温，可提高沼气的产量等。我国的地热农业温室分布面很广，但规模较小，其中包括蔬菜温室、花卉温室、蘑菇培育及育种温室等。北方主要种植比较高档的瓜果菜类、食用菌及花卉等；南方主要用于育秧。其中，花卉温室的经济效益较明显，发展潜力巨大，是地热温室发展的方向。随着国民经济的迅速发展和人民生活水平的不断提高，农业也逐步走向了现代化，各种性能优良的温室将逐步建立起来，室内采用地热供暖，既安全经济，又无污染。

将地热能直接用于农业在我国日益广泛，北京、天津、西藏和云南等地都建有面积大小不等的地热温室。各地还利用地热大力发展养殖业，如培养菌种、养殖鳗鱼、罗非鱼及罗氏沼虾等。地热温室如图 9-7 所示。

图 9-7　地热温室

第三节　地热能的发展现状及前景

在各种可再生能源的应用中，地热能显得较为低调，人们更多地关注来自太空的太阳能量，却忽略了地球本身赋予人类的丰富资源，相对于太阳能和风能的不稳定性，地热能是较为可靠的可再生能源，有可能成为未来能源的重要组成部分。另外，地热能是较为理想的清洁能源，能源蕴藏丰富且在使用过程中不会产生温室气体，对地球环境不会产生危害。现全球地热潜在资源量约为现在全球能源消耗总量的 45 万倍，热能的总量约为煤全部燃烧所放出热量的 1.7 亿倍。随着全球能源问题与气候问题的日益严峻化，地热作为一种清洁能源，越来越受到各国政府的重视。

一、地热能的发展现状

世界地热能资源丰富，分布广泛但不均衡，主要集中在4个高温地热带。地热能开发利用量逐年增加，效率不断提高，主要用于直接利用（供暖、制冷、工业干燥、康养、旅游、种养殖等）和发电。地热能开发利用技术不断创新，为规模化合理开发利用地热能提供了有力支撑。

国际能源署（IEA）、中国科学院和中国工程院等机构的研究报告显示，世界地热能基础资源总量为 1.25×10^{27} J（折合 4.27×10^8 亿 t 标准煤），其中埋深在 5000m 以浅的地热能基础资源量为 1.45×10^{26} J（折合 4.95×10^7 亿 t 标准煤）。

中低温（25~150℃）地热能源资分布广泛，高温（>150℃）地热能资源集中分布在大西洋中脊、红海-东非裂谷、环太平洋、地中海-喜马拉雅地热带。由于所处地理位置和大地构造背景的差异，四大高温地热带沿线国家的地热能资源较为丰富，主要包括冰岛、肯尼亚、美国、日本、菲律宾、印度尼西亚、新西兰、中国及土耳其等。

目前，世界上已开发利用的地热田主要分布在高温地热带上，如位于大西洋中脊地热带的冰岛克拉夫拉（Krafla）地热田、印度尼西亚卡莫江（Kamojiang）地热田、新西兰怀拉开（Wairakei）地热田、我国羊八井地热田和羊易地热田等。

世界地热能开发利用水平逐年提高，地热能可直接利用。利用浅层地热能的国家逐年增加，从 2000 年的 26 个增至 2015 年的 48 个。截至 2015 年年底，开发利用浅层地热能的地源热泵总装机容量约为 5 万 MW，占世界地热能直接利用总装机容量的 71% 左右；地源热泵安装台数与 2010 年相比增长 51%。

水热型地热能利用呈现良好的发展态势。截至 2015 年年底，全世界水热型地热能供暖装机容量为 7556MW，占世界地热能直接利用总装机容量的 10.7%，年利用量为 8.82×10^{16} J，与 2010 年相比增长 44%。利用水热型地热能供暖规模较大的国家有中国、土耳其、冰岛、法国及德国等。

地热能发电。地热能发电是地热能利用的重要方式。2015 年世界水热型地热能发电装机容量为 1.26MW，与 2010 年相比增加 1700MW，增长 16%。其中，闪蒸发电系统装机占比 61.7%、干蒸汽发电占比 22.7%、双循环工质发电占比 14.2%、其他占比 1.4%。

我国地热能资源潜力很大，"十二五"期间，我国地质调查局组织完成全国地热能资源调查，对浅层地热能、水热型地热能和干热岩地热能资源分别进行评价。结果显示，我国大陆 336 个主要城市浅层地热能年可采资源量折合 7 亿 t 标准煤，可实现供暖（制冷）建筑面积 320 亿 m^2，其中黄淮海和长江中下游地区最适合。

21 世纪以来，在政策引导和市场需求推动下，地热能资源开发利用得到较快发展。①浅层地热能利用快速发展。我国浅层地热能利用起步于 20 世纪末，2000 年利用浅层地热能供暖（制冷）建筑面积仅为 10 万 m^2。②水热型地热能利用持续增长。近 10 年来，我国水热型地热能直接利用以年均 10% 的速度增长，已连续多年位居世界首位。我国地热能直接利用以供暖为主，其次为康养、种养殖等。截至 2017 年年底，全国水热型地热能供暖建筑面积超过 1.5 亿 m^2，其中山东、河北、河南增长较快。③干热岩型地热能资源勘查开发处于起步阶段。干热岩地热能是未来地热能发展的重要领域。2017 年在青海共和盆地 3705m 深处钻获 236℃ 的干热岩体，是我国在沉积盆地区首次发现高温干热岩型地热能资源。④地热能勘探开发利用装备较快发展。用于地热能勘探开发的钻井、热泵、换热等一系列关键装备日趋成熟。目前我国已是地源热泵生产与消费大国，国产成套设备生产水平日益提高，国产设备占据了大部分国内市场。

二、地热能的发展前景

地热是一种新的洁净能源，在当今人们的环保意识日渐增强和能源日趋紧缺的情况下，对地热资源的合理开发利用已越来越受到人们的青睐，日渐成为继太阳能、风能等之后的又一个新能源投资亮点。和其他可再生能源起步阶段一样，地热能形成产业的过程中面临的最大问题来自于技术和资金。地热产业属于资本密集型行业，从投资到收益的过程较为漫长，一般来说较难吸引到商业投资。作为可再生清洁能源，地热能特别是浅层地温能开发已经纳入到国家能源发展规划。在相关优惠政策的指引下，投资者们将更有兴趣对地热项目进行投资建设，地热资源开发利用将掀起新一轮高潮。地热能的利用在技术层面上有待发展的主要是对于开采点的准确勘测，以及对地热蕴藏量的预测。由于一次钻探的成本较高，找到合适的开采点对于地热项目的投资建设至关重要。现在，地热产业采取引进石油、天然气等常规能源勘测设备，为地热能寻找准确的开采点。

2017 年 1 月，国家发展和改革委员会、能源局、国土资源部联合印发《地热能开发利用"十三五"规划》。一系列政策的出台，有力支持了我国地热能产业较快发展。

《地热能开发利用"十三五"规划》提出，到 2020 年，我国地热能年利用量折合 7000 万 t 标准煤，在一次能源消费总量中占比将达 1．5% 左右，比 2015 年提高 1 个百分点，"十三五"时期地热能利用增量将占非化石能源增量的三分之一。构建地热能全产业链，大力推进地热能开发利用，不仅可加大清洁能源供应比例，同时也能促进康养、旅游、种养殖等行业的健康和高质量发展。

我国地热能资源丰富，但资源探明率和利用程度较低，开发利用潜力很大。近年来，我国地热能勘探、开发及利用技术持续创新，地热能装备水平不断提高；浅层地热能利用快速发展，水热型地热能利用持续增长，干热岩型地热能资源勘查开发开始起步，地热能产业体系初步形成。同时，我国地热能发展也存在不充分不协调的深层次问题亟待解决。

一是对地热能资源勘查评价和科学研究不充分。我国进行过两次全国性地热能资源评价，仅对少数地热田进行了系统勘查，研究基础薄弱，分省、分盆地资源评介结果精度较低，与发达国家相比存在明显差距。

二是对地热能产业发展初期扶持的政策不充分。目前中央和地方政府出台了一些财政和价格鼓励政策，对加快浅层地热能开发利用及促进北方地区清洁供暖具有积极的引导作用，但政策不完善，执行不到位、不充分。

三是地热能产业发展不协调问题依然突出。

四是地热能资源管理制度不协调，缺乏具体可落地的管理手段和措施。

《地热能开发利用"十三五"规划》提出，在"十三五"时期，新增地热能供暖（制冷）面积 11 亿 m^2，其中：新增浅层地热能供暖（制冷）面积 7 亿 m^2；新增水热型地热供暖面积 4 亿 m^2。新增地热发电装机容量 500MW。到 2020 年，地热供暖（制冷）面积累计达到 16 亿 m^2，地热发电装机容量约 530MW。2020 年地热能年利用量达到 7000 万 t 标准煤，地热能供暖年利用量达到 4000 万 t 标准煤。京津冀地区地热能年利用量达到约 2000 万 t 标准煤。

在"十三五"时期，形成较为完善的地热能开发利用管理体系和政策体系，掌握地热产业关键核心技术，形成比较完备的地热能开发利用设备制造、工程建设的标准体系和监测体系。

在"十三五"时期，开展干热岩开发试验工作，建设干热岩示范项目。通过示范项目的建设，突破干热岩资源潜力评价与钻探靶区优选、干热岩开发钻井工程关键技术以及干热岩储层高效取热等关键技术，突破干热岩开发与利用的技术瓶颈。

2017 年 8 月，我国科学家在青海共和盆地地下 3705m 深处钻探中获取了 236℃的高温干热岩体，这是我国钻探温度最高的干热岩体，也是继可燃冰之后再次在新能源领域取得突破，改变中国现有的能源格局已并不遥远。

干热岩埋藏于地下 3000 ~ 10000km，是没有水和空气的致密不渗透高温岩体，也就是位于液态岩石（岩浆）上方的固态岩石，这种新兴地热能源温度在 150℃以上，可广泛用于发电、供暖。据初步测算，我国最适合开采干热岩的地区为西藏、西北、东北。资源总量与美国大约处在同一数量级，全国陆域干热岩资源数量为 856 亿 t 标准煤，根据国际标准以其 2%作为可采资源，全国陆域干热岩可采资源量达 17 亿 t 标准煤，合 12 万亿 t 石油当量，而这一当量相当于目前世界已探明可采石油储量的 50 倍，换算成人民币大概有一万万亿元。

干热岩的开采流程是将高压水注入地下高温岩层，高压水会压裂地层产生裂缝形成一个热储水库，热储水库中的水渗入地层会吸收干热岩的地热能量，通过距注水井 200 ~ 600m 的另一口井将热储水库中的高温水或水蒸气提取到地面用以供暖或者发电，冷却后的水再次通过高压泵注入地热交换系统循环使用。整个过程都是在一个封闭的系统内进行，因此干热岩的利用不会出现常规地热资源利用时出现的麻烦，没有硫化物等有毒、有害或者阻塞管道的物质。

另外，干热岩发电既不像火电那样向大气排放大量的二氧化碳等温室气体、粉尘等颗粒物，也不像水电那样因水坝的修建而破坏局部乃至整个河流的生态系统。此外干热岩发电不仅影响不了外部环境也摆脱了外界的干扰，不受温度、气候、降水量多寡的影响，也不受市场上燃煤或油气价格变化的影响，更重要的是干热岩发电的成本极低，仅为风力发电的一半，为太阳能发电的十分之一。

目前，国际上美、英等国已建立了干热岩技术研究基地，美国已经初步在某些地区进行了干热岩的实验性发电。中国在 2012 年开始着手研发干热岩，现在已经取得了巨大的成就，干热岩技术已在西安进行了试验性供暖。

地热能的利用不仅符合环境保护的大前提，而且随着勘探和利用技术的提高，已具有市场竞争性，有广阔的开发利用前景。为了充分利用和保护这一宝贵的清洁能源，在地热开发与管理中应根据整个地区的经济发展规划和布置，"统一规划、统一管理、合理布局、综合利用、以热养热"。在统一规划指导下，推动地热开发的商业化、规模化，开拓利用新领域；严格地热资源开发审批制度，使其在科学的监督下进行；加强综合利用，避免资源浪费；管理规范化、法制化、科学化；建立完善的监测体系；加强科研，指导生产。随着人们环境意识的增强，利用地热能可以减少温室效应、地热能蕴藏量丰富及可持续开采的特点，地热能在未来几十年能源生产中将起到重要的作用。

思 考 题

1. 什么是地热能？什么是地热资源？
2. 简述地热资源的分布情况。
3. 地热能具有哪些资源特性？

第十章　可燃冰及其利用

第一节　可燃冰概述

一、可燃冰的概念

可燃冰又称天然气水合物，是天然气和水结合在一起的固体化合物，其外形晶莹剔透，与冰相似。可燃冰分布于深海沉积物或陆域的永久冻土中，是天然气与水在高压低温条件下形成的类冰状的结晶物质，因其外貌极像冰雪或固体酒精而且遇火即可燃烧，所以又被称为固体瓦斯和气冰。燃烧的可燃冰如图 10-1 所示。

可燃冰从外表上看像冰霜，从微观上看其分子结构就像一个个"笼子"，由若干水分子组成一个笼子，每个笼子里"关"一个气体分子。目前，可燃冰主要分布在东、西太平洋和大西洋西部边缘，是一种极具发展潜力的新能源，但由于开采困难，海底可燃冰至今仍原封不动地保存在海底和永久冻土层内。可燃冰结晶体如图 10-2 所示。

图 10-1　燃烧的可燃冰

图 10-2　可燃冰结晶体

由于可燃冰含有大量甲烷等可燃气体，所以燃点很低，极易燃烧。$1m^3$ 可燃冰含有大于 $200m^3$ 的甲烷气体。同等条件下，可燃冰燃烧产生的能量比煤、石油及天然气要多出数十倍，而且燃烧后不产生任何残渣和废气，避免了环境污染问题。研究结果表明，可燃冰分布广泛、资源量巨大，是煤、石油、天然气全球资源总量的两倍，其中海底可燃冰的储量够人类使用 1000 年。可燃冰具有使用方便、燃烧值高等特点，所以被称作"属于未来的能源"，是公认的地球上尚未开发的储量最大的新型能源，被誉为 21 世纪最有希望的战略资源，是世界各国研究、勘探的重要对象。可燃冰的构成如图 10-3 所示。

二、可燃冰的形成

可燃冰的主要成分是甲烷与水分子，又称为笼形包合物（Clathrate），分子式为 $CH_4 \cdot H_2O$。可燃冰的分子结构如图 10-4 所示。

图 10-3 可燃冰的构成

可燃冰是天然气分子（烷类）被包进水分子中，在海底低温与高压作用下结晶形成的。可燃冰的形成有三个基本条件，即温度、压力和气源，缺一不可。首先，可燃冰形成的温度为 0 ~ 20℃，超过 20℃ 便会分解，而海底温度一般保持在 2 ~ 4℃ 为可燃冰的形成提供了温度条件；其次，可燃冰在 0℃ 时只需 30 个标准大气压即可生成，而以海洋的深度，30 个大气压很容易保证，为可燃冰的形成提供了压力条件，并且气压越大，可燃冰就越不容易分解；最后，海底沉淀的有机物中丰富的碳经过生物转化，可产生充足的气源。海底的地层是多孔介质，在温度、压力和气源三者都具备的条件下，可燃

图 10-4 可燃冰的分子结构

冰晶体就会在介质的空隙间中生成。可燃冰受其特殊的性质和形成时所需条件的限制，只分布于特定的地理位置和地质构造单元内。一般来说，除在高纬度地区出现的与永久冻土带相关的可燃冰之外，在海底发现的可燃冰通常存在于水深 300 ~ 500m 以下（由温度决定）位置，主要附着于陆坡、岛屿和盆地的表层沉积物或沉积岩中，或散布于海底以颗粒状出现。这些地点的压力和温度条件使可燃冰的结构保持稳定。从地球构造角度来讲，可燃冰主要分布在聚合大陆边缘大陆坡、被动大陆边缘大陆坡、海山、内陆海及边缘海深水盆地和海底扩张盆地等构造单元内。据估计，陆地上 20.7% 和大洋底 90% 的地区，都具有形成可燃冰的有利条件。绝大部分可燃冰分布在海洋里，其资源量是陆地上的 100 倍以上。在标准状况下，一单位体积的可燃冰分解最多可产生 164 单位体积的甲烷气体，因而可燃冰是一种重要的潜在资源。

三、可燃冰的性质

可燃冰在世界范围内广泛存在，这一点已得到广大研究者的公认。从化学结构来看，可燃冰是这样构成的：由水分子搭成像笼子一样的多面体格架，以甲烷为主的气体分子被包含在笼子格架中。不同的温度压力条件，使可燃冰具有不同的多面体格架。

从物理性质来看，可燃冰的密度接近并稍低于冰的密度，剪切系数、电解常数和热传导率均低于冰。可燃冰的声波传播速度明显高于含气沉积物和饱和水沉积物，这些差别是物理探测方法识别可燃冰的理论基础。此外，可燃冰的毛细管孔隙压力较高。

四、可燃冰的有效利用

科学家在描述了可燃冰开发利用的光明前景后，也指出了可燃冰有可能是上帝设下的一个"陷阱"。换句话说，可燃冰的开发利用难度极大。

按照人类目前的认识，可燃冰的主要成分为甲烷（80%）和水（20%）。它是一种在低温和高压的共同作用下，甲烷与水结晶形成固态的"冰"球。如果将这种冰球从海底提升

到海面，在常温和常压环境下极易分解，即冰球砰然而逝，留下一摊水，甲烷气体则悄然溜掉。甲烷是一种已知的反应快速、影响明显的温室气体，所产生的温室效应要比二氧化碳大得多。可燃冰中固化的甲烷总量相当于大气中甲烷数量的 3000 倍，一旦沉睡中的可燃冰矿藏受到扰动，包括人为开采和自然破坏，都可能导致甲烷气体大量散失，其结果必然是地球的升温速度进一步加快。百慕大海域之所以成为"死亡三角区"，有一种解释就是那里有大量可燃冰的释放。除此之外，可燃冰开发还可能引发海底地质变动，地质变动反过来又会引起海底温度和压力的变化，加速可燃冰的分解。可燃冰在压力减小、温度升高的条件下就有可能融化成甲烷，这些甲烷升到海面上，就会形成大量的气泡，从而产生巨浪。同时，海水的密度也会降低到 $0.5 g/cm^3$ 或者 $0.6 g/cm^3$，行船经过这种地方，自然就会沉下去。另外，大量甲烷涌出来，会在海面上空形成空气对流，使氧气缺乏，从而使飞机坠毁。甲烷释出还会改变沉积物的物理性质，极大地降低海底沉积物的工程力学特性，使海底软化，出现大规模的海底滑坡，进而毁坏海底工程设施（如海底输电或通信电缆和海洋石油钻井平台等）。

天然可燃冰呈固态，不会像石油开采那样自喷流出。如果把它从海底一块块搬出，在从海底到海面的运送过程中，甲烷就会挥发殆尽，同时还会给大气造成巨大危害。为了获取这种清洁能源，世界许多国家都在研究天然可燃冰的开采方法。科学家们认为，一旦开采技术获得突破性进展，那么可燃冰将立刻成为 21 世纪的主要能源。

海底可燃冰的开采涉及复杂的技术问题，所以目前仍在发展阶段，估计需要 10～30 年的时间才能投入商业开采。目前，中国、美国、加拿大、印度、韩国、挪威和日本已开始各自的可燃冰研究计划。2013 年 11 月，在美国能源部的资助下，美国海洋发展领导联盟可燃冰项目科学小组发布了"海洋可燃冰现场研究计划"，目标是为大洋科学钻探提供指南，以确定在数据和信息收集方面具有最大潜力的钻探靶区和航次。2016 年 9 月，美国能源部宣布投入 403 万美元用于新的可燃冰研究，加强研究可燃冰系统受到自然环境影响和生产相关变化诱导的变化规律，从而有助于确定可燃冰大量开采的可行性和评估可燃冰在全球气候循环中的作用。可燃冰带给人类的不仅是新的希望，同样也有新的困难，只有合理的、科学的开发和利用可燃冰，它才会真正地为人类造福。

第二节 可燃冰的分布

全球蕴藏的常规石油、天然气资源消耗巨大，预计在四五十年之后就枯竭。能源危机让人们忧心忡忡，而可燃冰就像是上天赐予人类的珍宝，它年复一年地积累，形成延伸数千里乃至数万里的矿床。仅仅是现在探明的可燃冰储量，就比全世界煤、石油和天然气加起来的储量还要多。

科学家的评价结果表明，仅在海底区域，可燃冰的分布面积就达 4000 万 km^2，占地球海洋总面积的 1/4，预计全球海域的可燃冰资源相当于 690 亿 t 石油。可燃冰矿层之厚、规模之大，是常规天然气田无法相比的。

已发现的可燃冰主要存在于北极地区的永久冻土区和世界范围内的海底、陆坡、陆基及海沟中。由于采用的标准不同，不同机构对全世界可燃冰储量的估计值差别很大。大多数人认为贮存在可燃冰中的碳至少有 $1 \times 10^{13} t$，约是已探明的所有化石燃料（包括煤、石油和天然气）中碳含量总和的 2 倍。

已发现的世界上海底可燃冰主要分布区是大西洋海域的墨西哥湾、加勒比海、南美洲东部陆缘、非洲西部陆缘和美国东海岸外的布莱克海台等，西太平洋海域的白令海、鄂霍次克海、千岛海沟、冲绳海槽、日本海、日本南海海槽、苏拉威西海、新西兰北部海域和东太平洋海域等，印度洋的阿曼海湾，南极的罗斯海和威德尔海，北极的巴伦支海和波弗特海，以及欧洲大陆内的黑海与里海等。

我国2004年发现疑似可燃冰，2006年基本确定可燃冰的存在，通过2008~2009年两年的努力，经钻探取得样品，证实了在高海拔冻土区存在可燃冰的事实。

2011年，我国正式启动了可燃冰的专项研究。

2013年6月至9月，我国在广东沿海珠江口盆地东部海域首次钻获高纯度天然气水合物样品，并通过钻探获得可观的控制储量。2014年2月1日，南海天然气水合物富集规律与开采基础研究通过验收，建立起中国南海"可燃冰"基础研究系统理论。2017年5月18日，国土资源部中国地质调查局宣布，我国正在南海北部神狐海域进行的可燃冰试采获得成功，这也标志着我国成为全球第一个实现了在海域可燃冰试开采中获得连续稳定产气的国家。南海北部神狐海域的天然气水合物试开采现场距香港约285km，采气点位于水深1266m海底以下200m的海床中。2017年11月3日，国务院正式批准将天然气水合物列为新矿种，成为国家第173个矿种。

天然气水合物的试开采一直是一项世界性难题。2013年日本曾尝试进行过海域天然气水合物的试开采工作，虽然成功出气，但6天之后，由于泥沙堵住了钻井通道，试采被迫停止。

为实现这一目标，我国科学家利用降压法，将海底原本稳定的压力降低，从而打破了天然气水合物储层的成藏条件，之后再将分散在类似海绵空隙中一样的可燃冰聚集，利用我国自主研发的一套水、沙、气分离核心技术最终将天然气取出。

在我国东海冲绳海槽，青岛海洋地质研究所曾利用以前的地震测量剖面重新进行与BSR相关的技术处理，识别出比较可靠的拟海底反射层区块（BSR）分布有32处，其余为疑似BSR，其长度都大于300km。在此基础上结合地质、地球化学及地热学等方面的成果，曾分出4个较为有利远景的区域，所在水深均大于300m的第四系中浅部地层内。更有专家认为，可燃冰的发现可媲美当年发现大庆油田。我国陆域可燃冰远景资源量至少有350亿t油当量，可供我国使用近90年。

第三节 可燃冰的开采方法

海底可燃冰分布的范围约占海洋总面积的10%，相当于4000万平方公里，是迄今为止海底最具价值的矿产资源，足够人类使用1000年。但在繁复的可燃冰开采过程中，一旦出现任何差错，就会引发严重的环境灾难，成为环保敌人。首先，收集海水中的气体是十分困难的，海底可燃冰属于大面积分布，其分解出来的甲烷很难聚集在某一地区内收集，而且一离开海床便迅速分解，容易发生喷井事故。更重要的是，甲烷的温室效应比二氧化碳严重10~20倍，若处理不当，分解出来的甲烷气体由海水释放到大气层，将使全球温室效应问题更趋严重。此外，海底开采还可能会破坏地壳平衡，造成大陆架边缘动荡，从而引发海底塌方，甚至导致大规模海啸，带来灾难性后果。目前，已有证据显示，过去这类气体的大规模自然释放在某种程度上导致了地球气候的急剧变化。

1. 热激发开采法

热激发开采法是直接对可燃冰层进行加热，使可燃冰层的温度超过其平衡温度，从而促使可燃冰分解为水与天然气的开采方法。这种方法经历了直接向可燃冰层中注入热流体加热、火驱法加热、井下电磁加热以及微波加热等发展历程。热激发开采法可实现循环注热，且作用方式较快。加热方式的不断改进，促进了热激发开采法的发展。但这种方法至今尚未很好地解决热利用效率较低的问题，而且只能进行局部加热，因此该方法有待进一步完善。

2. 减压开采法

减压开采法是一种通过降低压力促使可燃冰分解的开采方法。减压途径主要有两种：①采用低密度泥浆钻井达到减压的目的；②当可燃冰层下方存在游离气体或其他流体时，通过泵出可燃冰层下方的游离气或其他流体来降低可燃冰层的压力。减压开采法成本较低，适合大面积开采，尤其适用于储层下存在游离气层的可燃冰开采，是可燃冰传统开采方法中最有前景的一种技术。但它对可燃冰藏的性质有特殊的要求，只有当可燃冰位于温压平衡边界附近时，减压开采法才具有经济可行性。

3. 置换开采法

置换开采法首先由日本研究者提出，该方法的依据是可燃冰稳定带的压力条件。在一定的温度条件下，可燃冰保持稳定需要的压力比 CO_2 水合物更高。因此在某一特定的压力范围内，可燃冰会分解，而 CO_2 水合物则易于形成并保持稳定。如果在这一特定的压力范围内向可燃冰储层内注入 CO_2 气体，因 CO_2 较之甲烷易于形成水合物，CO_2 气体就可能与可燃冰分解出的水生成 CO_2 水合物。因而就可能将甲烷水合物中的甲烷分子"挤走"，从而将其置换出来。这种作用释放出的热量可使可燃冰的分解反应得以持续地进行下去。此开采法是目前世界各国开采可燃冰的主要方法。

4. 固体开采法

固体开采法最初是直接采集海底固态可燃冰，将可燃冰拖至浅水区进行控制性分解。这种方法进而演化为混合开采法或称矿泥浆开采法。该方法的具体步骤是，首先促使可燃冰在原地分解为气液混合相，采集混有气、液、固体水合物的混合泥浆，然后将这种混合泥浆导入海面作业船或生产平台进行处理，促使可燃冰彻底分解，从而获取天然气。

思　考　题

1. 什么是可燃冰？
2. 简述可燃冰的分布情况。
3. 可燃冰开采时有哪些注意事项？

参 考 文 献

[1]　王革华，艾德生. 新能源概论 [M]. 2版. 北京：化学工业出版社，2012.

[2]　周锦，李倩. 新能源技术 [M]. 北京：中国石化出版社，2011.

[3]　朱永强. 新能源与分布式发电技术 [M]. 北京：北京大学出版社，2010.

[4]　黄素逸，杜一庆，明廷臻. 新能源技术 [M]. 北京：中国电力出版社，2011.

[5]　翟秀静，刘奎仁，韩庆. 新能源技术 [M]. 北京：化学工业出版社，2010.

[6]　丁立新. 风电场运行维护与管理 [M]. 北京：机械工业出版社，2017.

[7]　王卫卫. 太阳能光伏发电技术项目教程 [M]. 北京：机械工业出版社，2016.

[8]　李春来，杨小库. 太阳能与风能发电并网技术 [M]. 北京：中国水利水电出版社，2011.

[9]　张志英，等. 风能与风力发电技术 [M]. 2版. 北京：化学工业出版社，2010.

[10]　于永合. 生物质能电厂开发、建设及运营 [M]. 武汉：武汉大学出版社，2011.